Cafe 145

Cafe 145

글·사진 내계절

R

PROLOGUE, **CAFE 145**

나는 여행을 싫어한다. 집에서 멀리 떨어진 곳에 있다 보면 금방 집이 그리워진다. 그런데 이 책을 쓰기 위해 지난 몇 달간 생전 가보지 못한 지역부터 비행기를 타고 이동해야 하는 먼 지역까지 팔도를 누볐다. 덕분에 살아온 날보다 훨씬 짧은 기간 동안 미래에 대한 고찰을 많이 했다.

이 책은 서울, 대전, 부산, 제주 등 8개 지역의 카페를 다룬다. 지역별로 분류되어 구역마다 공통된 특징을 찾는 재미도 있다. 예를 들어 강원도는 바다 풍경을 적극 활용한 곳이 많고 제주도는 휴양지 감성을 표현한 곳이 두드러진다. 비교적 카페가 적은 대전은 보물 같은 공간이 숨어있고 서울은 다채로운 콘셉트의 카페가 많아 신선한 아이디어를 얻을 수 있다. 이렇게 차곡차곡 쌓아 온 아카이브는 미래를 위한 밑거름이 된다.

요즘은 카페가 커피만 마시는 공간이 아닌 복합문화공간의 역할을 한다. 여행을 하거나 전시관에 가는 것이 부담스럽다면 가볍게 카페만 방문해도 간접 체험을 할 수 있다. 하나둘씩 취향에 맞는 곳을 수집하다 보면 스스로를 알아가는 데 도움이 된다. 나 역시 아직 완성된 도면을 그릴 수는 없지만 다양한 곳을 알아가며 점점 선명하게 채우고 있다. 이 책을 읽는 사람들에게도 길을 찾는 지도 중 하나가 되어줄 수 있길 기대해 본다.

2023, 내계절

CONTENTS, **CAFE 145**

서울

Chapter1 : Fast , Colorful

인천, 경기

Chapter2 : Huge , Beautiful

강원, 대전, 전북, 제주

Chapter3 : Slow , Relaxing

대구, 부산, 경상

Chapter4 : Pop , Unique

서울

Chapter1 : **Fast , Colorful**

001.
RELIEF FARMING PLANTS
MAPO, **SEOUL**

구황작물
relief farming plants

감자, 고구마, 옥수수 이 세 가지의 공통점이 뭘까. 바로 구황작물[救荒作物]이라는 것이다. 구황작물은 불순한 기상 조건에서도 수확을 얻을 수 있어 흉년에 큰 도움을 주며, 주식으로도 대용할 수 있다. 이러한 고마운 구황작물의 이름을 건 카페가 망원동에 문을 열었다.
인천에서 디저트가 맛있기로 소문난 <밀우>의 두 번째 지점으로 망원동 조용한 골목에 자리 잡았다. 실내는 따뜻한 우드 계열의 가구와 푸른 식물로 채워져 편안한 분위기를 조성한다. 카페 한편에 비치된 바구니에는 순무와 적당근 씨앗을 판매하는데, 사실 드립커피를 위트 있게 패키지 한 것이다. 케이크와 스콘, 샌드위치 등 다양한 먹을거리를 선보이며 특히 치즈케이크가 맛있기로 유명하다. 밤치즈케이크와 고구마치즈케이크는 꾸덕하고 촉촉한 치즈케이크에 재료 본연의 적당한 단맛이 더해져 부담 없이 먹을 수 있다. 또 화려한 비주얼까지 갖추어 선물하기에도 좋다. 특별한 날에 구황작물의 홀케이크로 고마움을 전하는 건 어떨까.

구황작물 relief farming plants

ADD. 서울 마포구 동교로 27-8, 1층
TIME. 목-월 11:00~18:00 (화,수 휴무)
SNS. @relieffarmingplants

002.
GROWERS
YEONHUI, **SEOUL**

그로어스
growers

아침 식사 'breakfast'와 점심 식사 'lunch'의 혼성어 'brunch(브런치)'는 우리말로 표현하면 '아점'이지만 대부분의 사람은 빵과 수프가 차려진 양식을 떠올리기 마련이다. 많은 브런치 전문점에서 파스타와 피자를 브런치 메뉴로 내세우지만, 종종 첫 끼로 먹기에는 부담스러울 때가 있다. 그런데 한식과 양식을 접목하여 얼큰하게 먹을 수 있는 K-브런치 전문점이 있다면 어떨까?
<그로어스>는 미슐랭 셰프와 7년 차 바리스타가 합심하여 만든 공간이다. 연희동의 볕이 잘 드는 주택을 리모델링한 곳으로 집처럼 편안한 분위기에서 식사할 수 있다. 대표 메뉴는 파스타와 볶음밥 그리고 토스트다. '항정살 오일 파스타'는 이름만 들으면 평범해 보이지만, 고기 먹을 때 빠질 수 없는 명이나물을 페스토로 만들어 매콤한 파스타에 곁들였다. '깍두기 오코노미야키 볶음밥'은 깍두기 국물에 밥을 볶아 계란 후라이를 올린 후 소스로 마무리하여 군침을 자극한다. 음료는 향긋한 커피와 신선한 과일 주스, 에이드와 티 등을 선보인다. 그로어스만의 특별한 레시피로 색다른 주말 브런치를 완성해 보자.

그로어스 growers

ADD. 서울 서대문구 연희로27길 52
TIME. 매일 10:00~20:00
SNS. @growers_official

003.
LEPAINDEPARIS & BRUNCHHAUS
MAPO, **SEOUL**

르빵드파리 & 브런치하우스
lepaindeparis & brunchhaus

녹음으로 물든 도심 속 작은 숲. '경의선 숲길'은 서울을 대표하는 산책로 중 하나다. 볕이 좋을 때 자전거를 타고 지나가면 반려견과 산책 나온 사람들, 벤치에 앉아 휴식하는 사람들과 같이 여유로움을 즐기는 이들을 만날 수 있다. 시원한 바람을 맞으며 길의 끄트머리에 도착할 즈음, 야외 의자에서 노견과 함께 식사하는 할머니를 마주했다. 평화로운 분위기에 반해서 건물을 둘러보니, 유럽 골목에 있는 빵집처럼 이국적인 느낌이 가득했다.

<르빵드파리 & 브런치하우스>는 매일 아침 다양한 프렌치 스타일의 베이커리를 굽는다. 프렌치 파이, 크루아상, 뺑오쇼콜라, 바게트 등 여러 가지 빵과 이를 활용한 브런치 메뉴가 준비된다. 채소와 치즈가 들어간 수프와 토스트는 건강한 한 끼로 손색없어서 오전 11시부터 브런치를 먹으러 오는 사람들로 붐빈다. 가게에 흘러나오는 샹송을 들으며 빈티지한 의자에 앉아 식사를 하고 있으면 어느새 나도 파리지앵이 된다.

르빵드파리 & 브런치하우스
lepaindeparis & brunchhaus

ADD. 서울 마포구 성미산로23길 46, 1층
TIME. 매일 10:00~17:30
SNS. @lepaindeparis_brunchhaus

Cozy place

le pain de papa
French style baking shop
what we make
croissant

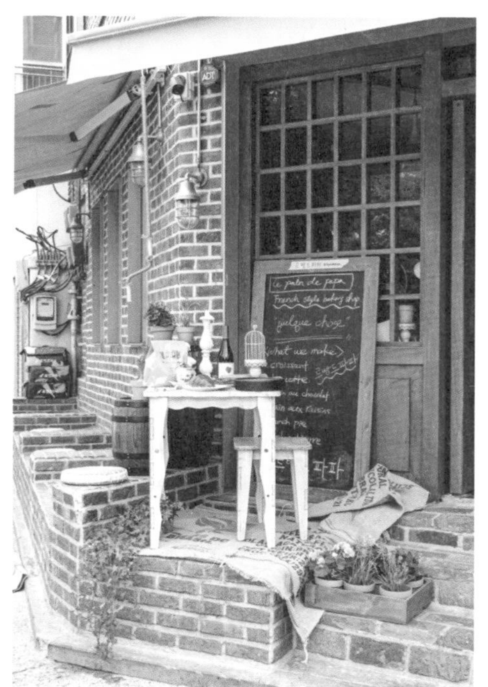

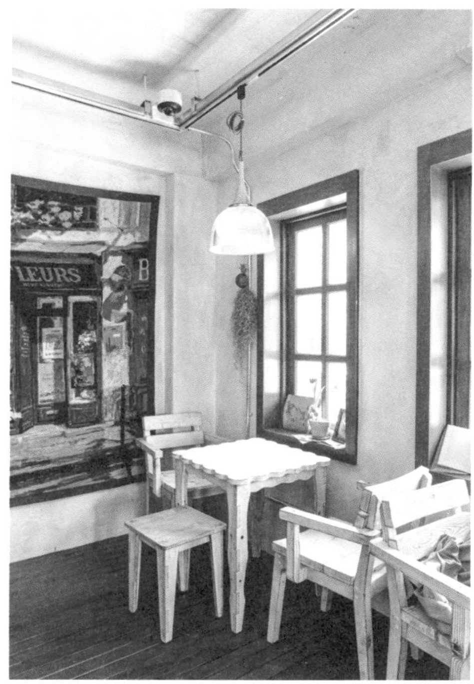

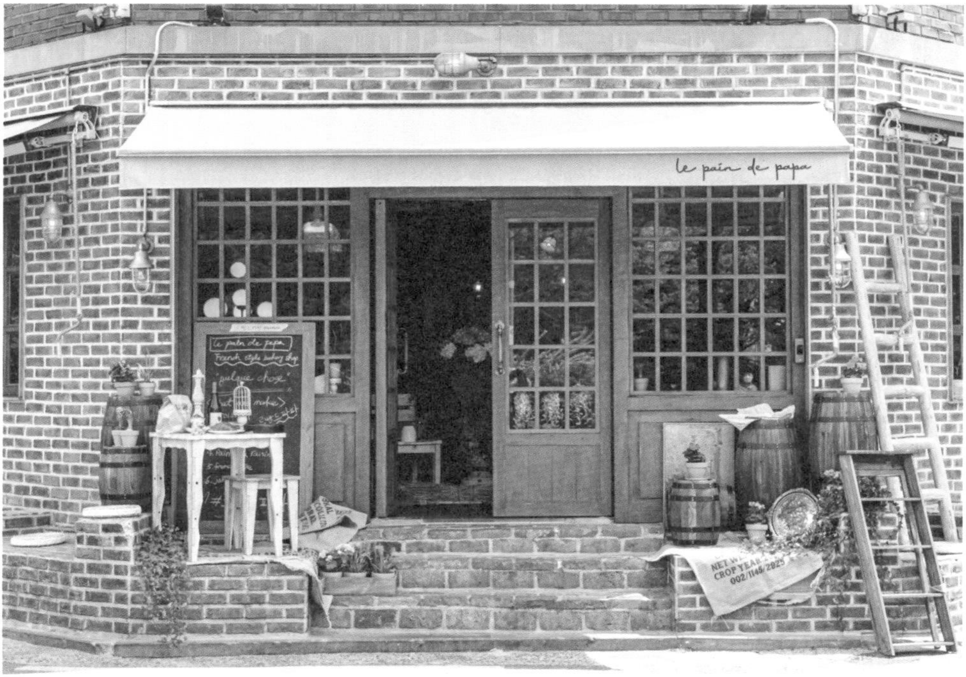
le pain de papa

004.
MONSIEURBUBU COFFEESTAND
MAPO, **SEOUL**

무슈부부 커피스탠드
monsieurbubu coffeestand

어느새 한국에도 에스프레소 바 문화가 자리 잡으면서 어느 지역에 가도 한 군데 이상은 꼭 발견할 수 있게 되었다. 목적지로 가는 길에 간단하게 들러 풍미 좋은 에스프레소를 맛볼 수 있기 때문에 바쁜 현대인들에게 제격이다.
<무슈부부 커피스탠드>는 2018년 합정동에서 시작하여 2022년 망원한강공원 가는 길에 새롭게 문을 열며 한강으로 향하는 사람들의 발길을 돌린다. 오랜 시간 커피를 다뤄온 만큼 남다른 깊이의 맛을 느낄 수 있다. 기본 에스프레소부터 '코르타도', '카페봉봉' 등 다양한 에스프레소 메뉴를 매장에서 즐길 수 있으며 포장용으로 준비된 아메리카노와 라테도 있다. 메뉴판 속 생소한 이름 때문에 선택하기 어렵다면 직원에게 추천을 받는 것도 좋은 방법이다. 무더운 날씨에 추천받았던 메뉴는 '카페프로즌'. 에스프레소에 라임 슬러시가 들어가 머리가 띵해질 정도로 시원하고 상큼하다가 마무리에 달콤 쌉싸름한 에스프레소 맛이 균형을 맞추어 여름과 딱 맞는 느낌이었다.

무슈부부 커피스탠드 monsieurbubu coffeestand

ADD. 서울 마포구 망원로 13, 1층
TIME. 매일 12:00~21:00 (목 휴무)
SNS. @monsieurbubu.coffeestand

005.
MINUTE PAPILLON
APGUJEONG, **SEOUL**

미뉴트 빠삐용
minute papillon

크림 가득한 도넛과 귀여운 모양의 케이크로 유명한 〈노티드〉는 하루 천 개씩 제품이 판매될 정도로 많은 사랑을 받는 디저트 전문점이다. 외식 전문 기업 GFFG는 노티드를 포함해 '다운타우너', '클랩피자', '키마스시' 등 수많은 브랜드를 탄생시켰다. 그 외 여러 가지 브랜드와 콜라보하며 트렌드를 이끌고 있는데, 이번 주자는 특유의 맛과 감성으로 인기를 끈 〈카멜 커피〉다. 매장 콘셉트와 브랜드 로고 디자인에 카멜 커피의 대표가 크리에이터 디렉터로 참여했다.
〈미뉴트 빠삐용〉은 놀이동산이나 극장에서 추로스를 먹으며 행복해하는 사람들의 모습에서 영감을 받아 만들어진 스페인 정통 추로스 전문점이다. 원목, 스테인리스로 마감한 내부에 버건디 벨벳 소재를 사용하여 오래된 극장을 표현했다. 판매하는 추로스는 오리지널 슈가, 플레인 두 가지로 나뉘며 한국인 입맛에 맞게 특별한 레시피로 제작되었다. 수제 디핑 소스와 함께 제공되며 딥 초콜릿, 화이트 크림, 스위트 칠리 요거트, 땅콩 초콜릿 바나나 네 가지 종류 중 선택할 수 있다.

미뉴트 빠삐용 minute papillon

ADD. 서울 강남구 도산대로51길 37, 지하 1층
TIME. 매일 10:00~22:00
SNS. @minute.papillon.official

006.
BOSS BAGEL WORKS
BANGBAE, **SEOUL**

보스베이글웍스 방배점
boss bagel works

최근 서울은 '베이글 전성시대'라 할 정도로 많은 베이글 가게가 인기를 누렸다. 유명 연예인들조차도 문 여는 시간을 기다리며 줄을 서니, 영화에 비유하면 흥행 보증수표인 셈이다. 대부분 서양 스타일의 공간에 초콜릿, 블루베리 베이글 등 화려한 메뉴를 선보였다면, <보스베이글웍스>는 일본풍 인테리어에 담백한 베이글을 메인으로 내세워 눈길이 간다. 방배동 한적한 골목에 자리한 이곳은 원목 인테리어와 스테인드글라스 유리창으로 일본의 오래된 찻집을 연상시킨다.
프리미엄 프랑스 밀가루를 사용하여 반죽하고 20시간 이상 저온 숙성 후 화덕에서 굽는다. 고온으로 단시간 구워내기 때문에 부드러우면서 쫀득한 식감을 자랑하고 특유의 향이 더해져 풍부한 맛의 베이글이 탄생한다. 대표 메뉴는 깨가 듬뿍 뿌려진 말굽 모양의 '보스 베이글'이다. 다른 곳에서 찾기 어려운 특별한 베이글을 맛보고 싶다면 마론으로 은은한 단맛을 살린 '마론 베이글'과 나폴리탄 소스를 넣은 '나폴리탄 베이글'을 추천한다. 또 국내 권위 있는 커피 대회 트로피가 여러 개 장식된 만큼 전문가의 손길이 담긴 커피도 함께 맛볼 수 있다.

보스베이글웍스 방배점 boss bagel works

ADD. 서울 서초구 서초대로25길 54, 1층
TIME. 매일 11:00~19:00
SNS. @bossbagelworks_official

007.
VONZRR
YEONHUI, **SEOUL**

본지르르
vonzrr

연희동 주민센터 옆 작은 골목의 언덕 위 단독주택 한 채가 자리하고 있다. 정갈한 마당에는 멋스러운 소나무가 있고 남쪽을 바라보고 있어 볕이 잘 든다. 잘 꾸며진 고급 단독주택 같은 이곳은 수원에서 멋진 인테리어로 소문난 카페 <본지르르>의 2호점이다. '본질'과 '번지르르'를 합성하여 이름을 지었으며, 카페의 본질인 식음료의 맛과 가격, 편안한 공간을 갖추겠다는 의미를 가졌다.
여유로운 주택을 개조한 만큼 여러 공간으로 나뉘는데, 1층은 커피 바와 쉐어 테이블로 구성되어 음식을 다 함께 즐기는 부엌 같은 느낌이고 2층은 넓은 공간에 편안한 소파와 패브릭 제품을 두어 거실처럼 연출했다. 집을 닮은 공간들에서 안온함과 정서적 위안을 느낄 수 있어 오랫동안 머무르고 싶게 한다. 실제로 머무르는 동안 따스한 햇살과 편안한 좌석 덕에 나른한 상태가 유지되었다. 스파클링과 커피 메뉴 등 본점에 있는 메뉴를 함께 다루고 있으며 링 도너츠, 과일 한 접시 등 소박한 디저트가 준비된다.

본지르르 vonzrr

ADD. 서울 서대문구 연희로 189-16
TIME. 매일 12:00~22:00
SNS. @vonzrr_yeonhui

008.
SOSEOLWON
HONGJE, **SEOUL**

소설원
soseolwon

작은 눈이 내리는 정원이라는 뜻의 <소설원(小雪園)>은 홍제역에서 무악재역으로 가는 대로변에 위치한다. 겉으로 볼 땐 좌석도 보이지 않고 크기도 아담해 보여서 테이크아웃 전문점처럼 보이지만 안으로 들어가면 넓은 공간이 맞이해 준다. 대나무 숲 사이 돌다리가 안내하는 길로 들어가면 위층으로 향하는 계단이 나온다. 2층은 입식 좌석과 다다미방으로 구성되어 있으며 원형 창문으로 포인트를 주어 동양적인 분위기를 살렸다. 옥상에는 하얀 모래로 덮인 정원이 있어, 가게 이름처럼 눈 내린 정원을 상상하게 한다.
대표 메뉴는 나무 쟁반에 정갈하게 담겨 나오는 여러 종의 디저트다. 막걸리를 이용해 24시간 숙성하여 만든 고소한 카스텔라는 기본, 옥수수, 쑥, 복숭아 요거트 네 가지 맛으로 준비되어 누구나 취향에 맞게 즐길 수 있다. 뚜껑이 있는 용기에 차갑게 식혀 나오는 푸딩은 시럽과 함께 제공되어 당도를 조절하며 먹기 좋다.

소설원 soseolwon

ADD. 서울 서대문구 통일로 419-1
TIME. 매일 9:30~22:00
SNS. @soseolwon_hongje

009.
SOHA SALTPOND
IKSEON, **SEOUL**

소하염전(小夏鹽田)
soha saltpond

언젠가 영화 『푸른소금』에서 본 바다보다 청량한 색을 띤 염전. 고여 있는 물이 거울이 되어 하늘을 비춘 모습이 인상적이어서 아직도 영상미가 좋은 영화로 기억한다. 그 후로 몇년 만에 염전을 다시 마주했다. 그것도 익선동의 좁은 골목에서. 바다, 숲 등을 표현한 공간은 많았지만 염전을 표현한 곳은 처음이라 신선할 수 밖에 없었다.

청록빛 물에 소금산이 쌓여있고 물레방아가 돌아간다. 염전을 그대로 옮겨 놓은 듯한 〈소하염전(小夏鹽田)〉은 작은 여름이란 뜻으로 푸르름을 담은 공간에서 갓 구워낸 소금빵을 판매하는 포장 전문점이다. 단맛과 짠맛이 조화를 이룬 솔티드 카라멜 소금빵부터 고소한 옥수수 소금빵, 와인이 생각나는 명란 부추 소금빵까지 개성있는 빵들이 진열되어 있다. 식빵, 베이글에 이어 소금빵까지 우리만의 퓨전 요리로 탄생한 것이다. 완성도 높은 콘셉트 공간의 영향으로 앞으로 또 어떤 조합의 카페가 생길지 궁금해진다.

소하염전(小夏鹽田) soha saltpond

ADD. 서울 종로구 수표로28길 21-5
TIME. 매일 9:00~21:00
SNS. @sohasaltpond

010.
AVELOP
MAPO, **SEOUL**

아벨롭
avelop

교통, 가게, 문화 등 빠르게 변화하는 홍대입구역과 합정역 사이 과거와 현대의 감각을 접목한 공간이 존재한다. 몇 년 전 방문했을 땐 소소하게 음료와 책을 판매하며 음악 작업실로 쓰이는 곳이었다. 당시 체스판 형태의 나무 천장과 계단이 있는 복층 구조 등 고풍스러운 분위기가 마음에 들어 눈여겨봤었는데, 영업을 종료하여 아쉬움이 남았었다. 그런데 2022년 가을, 새로운 이름으로 문을 열었다는 소식을 듣고 설레는 마음으로 길을 나섰다.
'Art or Advance and Develop'의 합성어로 탄생한 <아벨롭(Avelop)>은 과거의 경험과 지식을 바탕으로 미래를 개척해 나가자는 의미를 담고 있다. 카페의 설명을 통해 건물의 연혁을 알게 되었는데, 1세대 건축가인 김중업 선생님의 작품으로 1972년에 지어졌다고 한다. 외벽을 칠하고 인테리어를 바꾸어 분위기는 변했지만, 천장과 계단 등 기본 뼈대가 기존과 동일한 것으로 보아 처음부터 지금까지 그대로 유지해 온 것 같다. 원형을 보존하면서 트렌디한 감성을 더하여 과거와 현재가 공존하는 공간을 전개하는 아벨롭. 덕분에 다양한 분야와 연령층의 사람들이 교감하며 단순하게 커피만 즐기는 카페가 아닌 새로운 영감을 얻어가는 문화 공간으로 거듭나고 있다.

아벨롭 avelop

ADD. 서울 마포구 양화로15안길 6
TIME. 일–금 11:00~20:00, 토 10:30~20:30
SNS. @avelop_official

011.
ALLDSE
YONGSAN, **SEOUL**

올딧세
alldse

좁다란 골목 끝, 건물을 둘러싸고 있는 검은색 유리가 내부의 모습을 은은하게 비춘다. 돌을 쌓아 만든 거대한 벽과 와인색 지붕의 독특한 조합은 유리 안을 더 자세히 들여다보고 싶어진다.
<올딧세>의 문을 열면 바리스타 뒤로 돌벽이 펼쳐지며 마치 동굴 속에 온 느낌이 든다. 전면에는 커피 바 겸 손님들의 자리로 사용되는 멋스러운 원목 테이블이 자리하고, 한쪽에는 위스키 색을 닮은 진한 주황색의 나무 선반에 위스키들이 있다. 실제로 술을 판매하여 저녁에는 위스키 바처럼 즐길 수 있다. 커피는 에스프레소를 이용한 다양한 메뉴와 브루잉 커피를 다루며, 논커피와 디저트까지 다양하게 준비되어 있다.

올딧세 alldse

ADD. 서울 용산구 한강대로21길 29-16, 1층
TIME. 일-목 11:30~22:00, 금-토 11:30~23:00
SNS. @alldse_cafe

012.
JANDARIRO63
MAPO, **SEOUL**

잔다리로63
jandariro63

위치만으로 간판이 되는 곳이 있다. <잔다리로63>은 서교동 사거리를 지나는 '잔다리로'에 자리한 가게로 도로명 주소를 그대로 가져와 이름을 지었다. 1층부터 3층까지 카페와 와인 숍을 함께 운영하고 있다. 카운터 옆 체스판 바닥부터 와인이 진열되어 있는데 웬만한 와인 숍보다 많은 제품이 구비되어 있어 와인을 좋아하는 사람들이 방문하기 좋다. 구매 후 요금을 추가하면 위층에서 콜키지가 가능하고 베이커리 혹은 간단한 안주를 함께 주문할 수 있다.
특히 테라스가 멋지기로 유명한데 검은 모래 위 녹색 테이블 그리고 선물 리본처럼 공간을 두른 빨간 띠가 이색 풍경을 선사한다. 가을이 되면 바로 앞 은행나무가 황금빛으로 물들어 계절의 정취를 느낄 수 있다. 금방이라도 쏟아질 것 같은 은행잎을 바라보며 단풍처럼 물든 와인과 디저트를 즐겨보자. 가게 이름과 같은 '빨간 잔다리로 케이크'가 대표 메뉴며 커피와 라테, 에이드와 스무디 등 음료가 준비되어 있다.

잔다리로63 jandariro63

ADD. 서울 마포구 잔다리로 63
TIME. 화–토 11:00~23:00, 일 12:00~21:00
(월 휴무)
SNS. @jandariro63

013.
CAFE SANARE
UI, **SEOUL**

카페 산아래
cafe sanare

북한산 국립 공원 초입에 위치한 <카페 산아래>는 이름처럼 산 아래에서 휴식을 취할 수 있는 공간이다. 다소 평범해 보이는 입구를 지나 실내로 들어가면 통유리 너머로 큰 나무들이 만드는 아름다운 풍경을 감상할 수 있다. 뒷문을 통해 테라스로 가면 흐르는 계곡물 소리가 반기고, 루프탑에는 맑은 새 소리가 들려 산속에 있는 듯 싱그러운 에너지를 느낄 수 있다. 여름에는 짙은 녹음을, 가을에는 붉게 물든 단풍을 가까이서 볼 수 있기 때문에 등산객들 혹은 자연으로 힐링하고 싶은 사람들이 많이 찾는다. 크림이 올라간 커피류와 달콤한 크로플이 대표 메뉴며, 수제 과일청을 이용한 차와 과일 스무디 등 건강한 음료도 준비되어 있다. 카페 바로 옆에는 백숙 맛집도 있으니 식사 후 커피로 마무리하는 코스를 추천한다.

카페 산아래 cafe sanare

ADD. 서울 강북구 삼양로181길 56, 102호
TIME. 월-금 11:00~21:00, 토-일 11:00~22:00
SNS. @cafe_sanare

Cozy place

014.
TEDDY BEURRE HOUSE
YONGSAN, **SEOUL**

테디 뵈르 하우스
teddy beurre house

아직 해외여행이 풀리지 않았던 시기, 어디론가 떠나고 싶지만 가지 못하는 사람들을 위한 이국적인 분위기의 카페가 많이 생겨났다. 이러한 곳을 SNS에서는 우리나라 지역 이름과 해외 지역명을 섞어 소개하기도 했다. 계동의 <런던 베이글 뮤지엄>은 '종로구의 런던동'으로 불렸는데, 여기에 영향을 받아 용산구에는 '삼각지의 파리동'이 생겼다. 빈티지하면서 아늑한 느낌으로 파리의 가정집을 연상시키는 <테디 뵈르 하우스>는 크루아상을 전문으로 다루는 베이커리 카페다. 조명이나 곰 인형, 커피머신, 포스터 등 대부분의 소품을 파리에서 직접 공수하여 파리의 분위기를 실감 나게 재현하였다. 분위기 때문인지 인산인해 속에서도 창가에 앉은 사람들은 파리에서 브런치 시간을 보내듯 여유가 넘쳐 보였다.
브런치 플레이트는 크루아상과 하몽, 에멘탈 치즈, 달걀, 스프레드가 함께 제공된다. 빈티지한 접시에 플레이팅 되어 파리의 낭만을 더욱 잘 느낄 수 있다. 크루아상 전문점답게 바질, 흑후추, 콘 & 에그, 잠봉 & 치즈 등 다양한 재료로 만든 크루아상을 만날 수 있다. 빵이 조기 품절되면 음료 주문도 같이 마감되니 서둘러 방문해 보자.

테디 뵈르 하우스 teddy beurre house

ADD. 서울 용산구 한강대로40가길 42, 1층
TIME. 월-금 11:00~22:00, 토-일 10:00~22:00
SNS. @teddy.beurre.house

015.
PIE IN THE SHOP
MAPO, **SEOUL**

파이인더샵
pie in the shop

디저트의 성지로 불릴 만큼 다양한 디저트 전문점이 즐비한 연남동에 오픈하자마자 포장 봉투를 들고 나가는 손님들로 가득한 파이 맛집이 있다.
<파이인더샵>은 전문 베이커들이 오랜 시간 공들여 연구한 20여 가지의 파이를 판매하는 카페다. 매장에 들어가면 T자 라인 진열대를 빽빽하게 채운 파이들이 기다리고 있다. 초콜릿 바나나, 티라미수 등 디저트로 즐길 수 있는 달콤한 파이부터 대파 감자, 폴드 포크 등 식사로 대용으로 좋은 파이 그리고 '스트로베리 화이트 블로썸', '애플 사워크림', '파이 인 더 스노우 포레스트'처럼 특색있는 대표 메뉴까지 다채롭게 준비되어 있다.
매장은 플랜테리어를 적극 활용하여 자연 속 맑은 공기를 느낄 수 있는 쉼의 공간을 제공한다. 지하 1층부터 지상 2층, 테라스를 갖추어 여유롭게 좌석을 이용할 수 있는 것도 장점이다. 또한 음악 믹스셋을 즐길 수 있는 디제이 존도 있어서 음식, 자연, 음악을 연결하는 복합문화공간으로 활약한다.

파이인더샵 pie in the shop

ADD. 서울 마포구 성미산로27길 26
TIME. 매일 11:30~21:00
SNS. @pie_intheshop

016.
POSTERY BAKER
APGUJEONG, **SEOUL**

포스터리 베이커
postery baker

2000년대 초반 미국 인기 드라마 『섹스앤더시티』에서 주인공들이 컵케이크 먹는 장면이 전파를 타면서 한국에도 달콤한 컵케이크가 유행했다. 홍대나 이태원 등을 중심으로 컵케이크 전문점이 우후죽순 생겨났는데, 지나치게 달고 크기나 양보다 가격이 비싸다는 점 때문에 얼마 가지 않아 유행이 사그라들었다. 그런데 돌고 도는 유행 속 디저트 계에도 레트로 바람이 불었는지, 2022년 도산공원 인근에 컵케이크를 주력으로 하는 카페가 등장했다.
미국 목조주택 콘셉트의 〈포스터리 베이커〉는 70년대 아메리칸 빈티지 인테리어가 돋보이는 카페다. 포토 스튜디오를 운영하는 대표가 오픈한 만큼 세심하게 공간을 꾸며 구석구석에서 매력을 느낄 수 있다. 필링이 듬뿍 들어간 아메리칸 홈 스타일의 컵케이크는 시즌별로 메뉴가 추가 혹은 변경되어 수많은 종류의 제품을 선보인다. 초콜릿케이크 위 코코넛 크림이 올라간 '블랙 포레스트', 요거트 크림과 패션프루트 잼을 이용한 '해피니스', 얼그레이 가나슈 크림으로 곰 모양을 만든 '포스터리 베어' 등 귀여운 모양의 컵케이크를 만날 수 있다. 그 외 부드러운 케이크 푸딩과 홀케이크, 음료도 판매하며 모든 디저트가 레트로한 접시에 플레이팅되어 진한 레트로 감성을 느낄 수 있다.

포스터리 베이커 postery baker

ADD. 서울 강남구 압구정로42길 25-5
TIME. 매일 12:00~21:00
SNS. @postery.baker

Tasty coffee

017.
FOREPLAN
SEONGSU, **SEOUL**

포어플랜
foreplan

그래픽 작업과 모델링으로 밤낮 가리지 않고 작업에 몰두하는 건축 전공을 위해 건축인들이 합심하여 성수동에 아지트를 만들었다. 뚝섬역 가까이 위치한 <포어플랜>은 낮에는 건축사무소 겸 카페로, 밤에는 바(Bar)로 운영된다. 길게 뻗은 바와 격자무늬 천장, 단면 모형을 형상화한 가림막 등 건축적 요소가 묻어나도록 인테리어 하였다. 또 캐드를 활용한 메뉴판과 제도칼판으로 만든 테이블 매트가 그 콘셉트를 명확하게 해준다.
메뉴를 주문할 수 있는 메인 바와 넓은 공간의 홀로 나뉘며, 테이블마다 조명을 두어 개인 작업하기도 용이하다. 대표 메뉴는 고소한 맛이 일품인 '마카다미아 크림 라테'와 상큼한 레몬 향을 품은 '얼그레이 크림티'다. 그 외 아메리칸 풀하우스를 비롯하여 각종 파스타, 샌드위치 등 브런치 메뉴와 세 가지 종류의 발렌카 케이크도 카페 시간에 이용할 수 있다.

포어플랜 foreplan

ADD. 서울 성동구 왕십리로14길 30-11, 1층
TIME. 월-금 10:00~23:00, 토-일 9:00~23:00
SNS. @foreplan_official

018.
PHYPS HOME
YONGSAN, **SEOUL**

핍스홈
phyps home

용산 국방부 후문 앞 언덕에 저채도의 청록색과 붉은색 인테리어가 레트로하면서 고급스러운 주택 한 채가 들어섰다. 유리창 안을 들여다보니 쇼케이스에 진열한 듯 감각적인 공간을 전시한 이곳에는 과연 누가 살고 있을까.
<핍스홈(PHYPS HOME)>은 다양한 라이프스타일 웨어와 아트워크를 선보이는 브랜드 '피지컬에듀케이션디파먼트(PHYPS)'에서 두 번째로 론칭한 공간이다. 신당동에 있는 첫 번째 공간 <핍스 마트(PHYPS MART)>에서 슈퍼마켓 콘셉트로 사람들의 이목을 끌었는데, 용산 지점 역시 신선한 세계관을 이어간다. 이번에는 1970년대로 시간을 돌렸다. 미국의 영화감독이자 사진작가 '래리 클락(Larry Clark)'에 영감받아 그가 실제로 거주했을 것 같은 별장을 표현했다. 래리 클락의 영화를 관람할 수 있는 지하 1층부터 커피를 마실 수 있는 지상층, 배드룸과 욕실을 표현한 마지막 층까지, 인테리어를 통해 그의 일과를 들여다보는 느낌이다. 전시된 상품 일부는 판매로 이뤄지며 음료는 커피와 논커피, 차를 제공한다.

핍스홈 phyps home

ADD. 서울 용산구 한강대로40길 55
TIME. 매일 11:00~20:00
SNS. @phyps_home

019.
KITTE
YONGSAN, **SEOUL**

킷테
kitte

숙명여자대학교 후문 앞 주택가들 사이 평화와 휴식을 상징하는 노란색의 건물이 자리 잡고 있다. 담 너머 삐죽 튀어나온 삼각 지붕이 인상적인 이곳은 1930년 건축된 '화양절충(和洋折衷: 일본과 서양 양식의 결합)' 양식의 적산가옥을 리모델링한 카페다. 가게 이름 <KITTE>는 일본어로 '키테(오세요)' 또는 ' 킷테(우표)'의 의미로 사용되며 일본의 복합 쇼핑몰과도 이름이 같다. 여러 곳에서 영감을 받아 지어진 이름이 아닐까 추측된다.
일본식과 서양식이 혼재된 만큼 건축 양식의 다양한 면을 관찰할 수 있다. 다다미방의 바닥을 한 층 높여 장식물을 올리는 일본식 도코노마가 있는 반면 응접실에는 서양식 백합 문양의 창살이 설치되어 있다. 또한 정원 방향에는 통유리를 설치하여 현대적인 느낌도 엿볼 수 있다. 대표 메뉴는 고농도의 커피에 벨벳같이 부드러운 크림이 올라간 크림커피다. 크림은 플레인, 호지, 맛차 세 가지 종류로 나뉘며 하나를 선택하여 맛볼 수 있다.

킷테 kitte

ADD. 서울 용산구 청파로47가길 9-6, 1층
TIME. 매일 11:00~21:00 (월 휴무)
SNS. @kitte.cafe

인천, 경기

Chapter2 : **Huge , Beautiful**

020.
GODEUN
GANGHWA, **INCHEON**

곧은
godeun

강화도의 대표 전통 사찰인 전등사로 가는 길에 꾸밈없는 모습으로 조용하게 자리한 카페가 있다. 이곳은 궂은일도 본인의 철학을 바탕으로 올곧은 마음가짐으로 행하는 아버지를 동경하는 아들이 만들었다. 아버지가 아들에게 지어준 이름 '정석'처럼 가게에도 <곧은>이라는 이름을 붙여 강직한 마음을 이어갔다. 미니멀한 외관과 다르게 내부는 색색의 가구와 소품으로 채워 미드 센추리 모던 감성으로 완성했다. 카스텔라 인절미, 쑥개떡, 증편떡 등 아버지가 만든 떡을 판매하여 커피와 페어링하는 신선한 조합을 경험할 수 있다.

곧은 godeun

ADD. 인천 강화군 길상면 전등사로 80
TIME. 수–일 11:00~21:00, 월 11:00~19:00 (화 휴무)
SNS. @godeun.official

021.
ROSESTELLA FLOWERSHOP
GYEYANG, **INCHEON**

로즈스텔라정원
rosestella flowershop

1995년 서울 어느 골목, 꽃집을 운영하던 엄마가 딸 스텔라와 함께 인천 계양구로 이전하여 문을 연 <로즈스텔라정원>은 이름처럼 아름다운 정원을 가진 공간이다. 입구로 들어가면 주황색 지붕 건물과 벽돌길, 다채로운 식물이 동화 같은 풍경을 선물한다. 공간은 카페와 갤러리, 온실 총 세 곳으로 조성되어 카페 겸 꽃집의 역할을 함께한다.
내부는 나무 재질의 바닥과 가구를 사용해 아늑한 느낌을 주었고 액자와 찻잔 등 엔틱한 소품으로 유럽 감성을 더했다. 분위기와 어울리는 다양한 종류의 티와 커피도 만날 수 있다. 각종 꽃과 과일 향이 향기로운 프랑스 1위 홍차 '마르코폴로'부터 유자청이 블랜딩된 시그니처 티 '따뜻한 생폴드방스', 부드러운 거품이 올라간 카푸치노 등 정성스럽게 만든 음료 위에 생화를 올려 제공한다. 겨울이 되면 정원에 반짝이는 크리스마스트리를 세워 동화에 나오는 산타 마을을 연상시킨다. 이색적인 풍경 덕에 이미 서울 근교의 소문난 크리스마스트리 명소로 정평이 나 있다.

로즈스텔라정원 rosestella flowershop

ADD. 인천 계양구 다남로143번길 12
TIME. 화~금 11:00~18:30, 토 11:00~19:30 (일,월 휴무)
SNS. @flowershop_rosestella

Cozy place

022.
MADELIM
EURWANG, **INCHEON**

메이드림
madelim

콘셉트가 아닌 실제 교회를 통째로 리모델링한 카페가 영종도에 생겼다. <메이드림(MADE林)>은 120년 역사를 가진 실제 교회를 '태고의 숲'이라는 주제로 재해석한 공간이다. 스테인드글라스 창, 높이 솟은 탑 등 교회 겉모습을 유지한 채 총 다섯 개의 층으로 운영되는 복합문화공간으로 새롭게 단장했다.
1층에서 주문 후 2층으로 올라가면 가장 메인이 되는 '태고의 정원'이 나온다. 거대한 나무를 중심으로 천장과 바닥, 벽면을 온통 식물로 채워 오래전부터 자연이 있었던 것처럼 조성했다. 그 옆에는 물이 흐르는 '강이 모이는 곳'이 자리하고, 지하로 내려가면 나무뿌리 주변으로 물이 떨어지는 '땅의 생성'을 만날 수 있다. 가장 위층과 별관에는 더 많은 주제를 표현한 인터렉티브 전시가 진행된다. 이처럼 물, 빛, 하늘, 정원, 어둠 등 다양한 요소를 나타내는 공간이 한곳에 모여 메이드림이라는 숲을 이룬다. 자연의 영감으로 만든 식사와 함께 오감을 넘어 공간감과 영감이 더해진 일곱 가지 감각을 깨워보자.

메이드림 madelim

ADD. 인천 중구 용유서로479번길 42
TIME. 매일 10:00~21:30
SNS. @madelim_official

023.
TERRACE IN SEASIDE
YEONGJONG, **INCHEON**

바다 앞 테라스
terrace in seaside

영종도는 섬이라는 인식 때문에 뚜벅이인 나에겐 꽤 멀게 느껴졌던 곳이다. 그러나 홍대입구역에서 공항철도를 타면 1시간도 되지 않아 영종역에 도착할 수 있다. 카페들이 모여 있는 '은하수로'에는 수많은 갈매기와 선착장, 어시장으로 진한 바다 내음을 풍기고 있었다.
동네를 산책하다 첫 번째로 눈에 띈 것은 '바다 앞 라면집'이었다. 이어서 '바다 앞 꼬막 집', '바다 앞 농장'… 수많은 '바다 앞' 중 가장 높이 있는 〈바다 앞 테라스〉는 베이커리 카페로 운영 중이다. 엘리베이터를 타고 5층 입구로 들어가면 진열대를 가득 채운 빵들이 기다리고 있다. 한 층에만 테라스 두 개가 있고 계단을 올라가면 루프탑도 나온다. 자갈 깔린 바닥과 파라솔, 귤나무는 제주도를 생각나게 한다. 어쩐지 다들 한라봉이 통째로 올라간 음료를 마시고 있길래 나도 그 사이에 껴서 같은 음료를 마시며 바다를 바라보았다. 『제주도의 푸른 밤』 반주가 느린 템포로 흘러나와서일까 어느새 다른 섬에 있는 느낌이었다.

바다 앞 테라스 terrace in seaside

ADD. 인천 중구 은하수로 10, 더테라스프라자 5층
TIME. 매일 9:00~22:00
SNS. @terrace.in.seaside

024.
SUN CHAMBER SOCIETY
GAJWA, **INCHEON**

선챔버소사이어티
sun chamber society

공사장과 창고가 즐비한 동네에 '가좌동의 캘리포니아'라 불리며 거리를 환하게 밝혀주는 건물이 있다. 산뜻한 파스텔 톤에 영어 간판이 반겨주는 이곳은 편집숍에서 관리하는 쇼룸겸 카페다. <선챔버소사이어티(sun chamber society)>는 일상에서 만나게 될 아름다움을 생각하며 국내외 디자인 제품을 소개하는 라이프스타일 편집숍이다. 컵, 접시, 커트러리 등 주방 제품부터 옷과 신발, 액세서리처럼 착용하는 제품들 그리고 아트북까지 다양한 상품을 판매한다.
건물 3, 4층에서 제품 일부를 만날 수 있고 웹 사이트를 통해 더 많은 정보를 확인할 수 있다. 1, 2층은 카페로 운영되어 쇼핑 후 허기짐을 달랠 수 있다. 신선한 원두를 사용한 커피와 직접 만든 샌드위치가 주메뉴며, 아이스크림과 케이크처럼 달콤한 디저트도 판매한다. 세 가지를 한 번에 먹을 수 있는 세트 메뉴도 있어, 친구들 혹은 가족과 함께 즐기기도 좋다.

선챔버소사이어티 sun chamber society

ADD. 인천 서구 장고개로231번길 15
TIME. 매일 12:00~20:00 (화 휴무)
SNS. @sunchambersociety

025.
SEL ROASTERS
GANGHWA, **INCHEON**

셀로스터스 강화점
sel roasters

초여름 수국이 활짝 핀 환상적인 정원을 보고 싶다면 당장 강화도로 떠나야 한다. 다양한 카페와 베이커리 브랜드를 만든 '도레 크리에이티브 크루(DORE CREATIVE CREW)'는 인천에서 젊은이들이 누릴 수 있는 문화공간을 만들고자 강화군 화도면에 넓은 정원과 카페가 조성된 테마파크 '도레빌리지'를 지었다. 풍성하게 핀 수국 정원 사이로 카페 〈도레도레〉, 〈마호가니〉, 〈셀 로스터스〉가 자리 잡고 있는데 이 중 가장 인상 깊었던 카페는 가장 최근에 생긴 〈셀 로스터스〉다.

'Sel'은 프랑스어로 소금을 뜻하는데 서로 다른 식재료를 조화시키는 소금의 역할처럼 커피를 통해 사람과 문화를 어우러지게 하자는 의미를 담았다. 1층 한쪽에는 전시관이 있고 채광 좋은 넓은 창 앞에는 쉐어테이블이 놓여있다. 2층 커피바 스크린에는 시원한 파도의 영상이 재생되어 바리스타를 더욱 빛내준다. 이러한 요소들이 커피와 함께 새로운 경험으로 스며든다. 아직 잘 알려지지 않은 우수한 생두를 찾아내 직접 로스팅한 스페셜티 커피만을 다루며, 여러 색의 라벨 중 하나를 선택하여 취향에 맞는 브루잉 커피를 즐길 수 있다. 또 강화도 특산물을 사용한 휘낭시에와 쿠키도 준비되어 있어서 지역색 가득한 맛을 느낄 수 있다.

셀로스터스 강화점 sel roasters

ADD. 인천 강화군 화도면 해안남로1844번길 19
TIME. 금,토,일 11:00~18:00
SNS. @sel_roasters

026.
AKIRA COFFEE
CHINATOWN, INCHEON

아키라 커피 본점
akira coffee

인천 차이나타운 좁은 골목길 끝에서 파란 새를 발견한다면 교토로 떠나는 티켓을 찾은 것이다. 담벼락을 지나 문을 열면 하얀 자갈과 푸른 나무로 조경된 정원 속 아담한 일본식 주택이 모습을 드러낸다. 특별함보다 편안함을 추구하는 가게의 마인드답게 내부는 레트로한 소품으로 채워져 있어 쭉 알고 지내던 가게처럼 익숙한 인상을 준다.
커피를 주문하는 본관은 입식 좌석으로 구성되며 계단을 올라가면 루프탑이 있어 풍경을 보며 음료를 마시기 좋다. 별관은 다다미방으로 이뤄져 일본 주거 문화를 체험할 수 있다. 대표 메뉴는 아키라만의 특별한 우유와 리스트레토가 조화를 이룬 '아키라 화이트'로 여기에 일본산 녹차를 더한 '아키라 그린'도 선보인다. 다른 하나는 진공 플라스크에 담아 추출하는 방식의 '사이폰 커피'로 원두 본연의 맛과 향미를 유지하여 커피 애호가들이 꾸준히 찾는다. 그 외 에그타르트, 스콘 등 커피와 어울리는 디저트도 준비되어 있다.

아키라 커피 본점 akira coffee

ADD. 인천 중구 차이나타운로44번길 16-24
TIME. 매일 12:00~21:00
SNS. @akira_coffee

027.
CAFE ULT
YEONGJONG, **INCHEON**

카페 얼트
cafe ult

바다로 둘러싸인 강화도에는 바다를 볼 수 있는 공간은 많지만, 바다를 표현한 카페는 발견하기 쉽지 않다. 그런데 화려한 간판이 거리를 이루는 은하수로에 상반되는 분위기로 담백하게 바다를 표현한 카페가 있다. 상가 건물 4층에 위치한 <얼트>는 푸른 바닥과 흰 벽 등으로 창밖의 풍경을 그대로 재현했다.
입구 가까이 설치된 조형물은 모래사장과 빛을 의미한다. 바닥에 있는 모래와 투명한 구슬은 파도가 들어오는 모래사장을, 영롱한 빛을 띤 투명한 아크릴 조각은 반짝이는 윤슬을 표현했다. 매장 곳곳에 아크릴 의자와 유리 테이블을 배치하여 조형물과의 조화도 잊지 않았다. 볕이 좋을 때는 공간 전체가 맑은 날의 바다가 되고, 저녁에는 사색하기 좋은 밤바다처럼 변한다. 대표 음료는 과자 로투스를 재해석한 '로투스 라테'와 고소한 크림이 올라간 '크림 라테'다. 그 외 다양한 종류의 커피 메뉴와 논커피 메뉴, 아이스크림을 만날 수 있으며 가게 추천 메뉴인 브릭바와 스콘 같은 디저트도 함께 먹기 좋다.

카페 얼트 cafe ult

ADD. 인천 중구 은하수로 1, 오션뷰빌딩 4층
TIME. 월–금 10:00~20:00, 토–일 10:00~21:00
SNS. @cafe_ult

028.
COSMO40
GAJWA, **INCHEON**

코스모40
cosmo40

1970년대부터 2016년까지 인천 가좌동에는 국내 유일의 이산화타이타늄 생산시설, '코스모화학' 공장 단지가 운영되었다. 76,000㎡(약 23,000평)의 거대한 규모에 45동가량의 공장들이 자리했는데 울산으로 이전하며 대부분이 철거되고 40동만 남아 다른 용도의 공간으로 변모했다.

지역 재생이라는 의미를 담아 탄생한 〈Cosmo40〉은 누구나 쉽게 예술과 문화를 접하며 소통할 수 있는 복합문화공간이다. 공장의 뼈대를 그대로 살려 리모델링하였기에 압도적인 규모를 그대로 체감할 수 있다. 1, 2층은 전시와 공연을 하는 전시관, 3층은 식음료를 먹을 수 있는 코스모 라운지, 4층은 대인원을 수용할 수 있는 넓은 공간으로 각종 행사 등에 활용된다. 공간을 둘러보면 현장에서 쓰던 장비를 재활용한 작품도 만날 수 있다. 여러 장비를 엮어 만든 샹들리에와 대형 크레인을 활용한 작품 등 낡은 장비의 새로운 변신을 구경하는 재미가 쏠쏠하다. 메뉴는 커피와 빵부터 맥주와 스낵까지 다양한 종류를 판매한다.

코스모40 cosmo40

ADD. 인천 서구 장고개로231번길 9
TIME. 월–금 10:00~20:00, 토–일 10:00~21:00
SNS. @cosmo.40

029.
COHIVILLA
CHINATOWN, **INCHEON**

코히별장
cohivilla

『이웃집 토토로』, 『센과 치히로의 행방불명』 스튜디오 지브리의 작품을 모르는 사람은 거의 없을 것이다. 우리에게 익숙한 일본 애니메이션을 제작한 스튜디오로 오랜 기간 다수의 명작으로 많은 사랑을 받고 있다. 때문인지 송학동의 <코히별장>은 이런 스튜디오 지브리 스타일의 일본 감성을 잘 표현하여 두터운 팬층을 보유하고 있다.
일본풍의 목조 건물 앞 일본어로 된 자판기와 버스 정류장은 애니메이션의 한 장면처럼 생생한 일본 거리를 연상시킨다. 내부는 레트로한 소품과 인형 등 아기자기한 소품으로 꾸며져 있고 계단을 올라가면 2층 실내와 테라스도 만날 수 있다. 메뉴 역시 만화에 나올 법한 형형색색의 비주얼을 뽐낸다. 네 가지 맛의 크림소다, 아이스크림과 시리얼을 넣은 파르페, 일본에서 직접 가져온 그릇에 담긴 푸딩 등 현지의 맛을 담은 디저트를 선보인다. 카페 바로 옆에는 이어지는 분위기의 텐동집도 있으니 함께 함께 들르기 좋다.

코히별장 cohivilla

ADD. 인천 중구 신포로35번길 22-1
TIME. 매일 10:00~17:30
SNS. @cohivilla

030.
TALKRAPHY
GANGHWA, **INCHEON**

토크라피
talkraphy

강화도 끄트머리 조용한 골목에는 언뜻 보기에는 작은 주택 같지만, 특별한 테라스를 품은 카페가 있다. <토크라피(talkraphy)>는 'Talk(대화)'와 'Graphy(글이나 그림의 형식)'의 합성어로 대화와 관계의 목적을 탐구하는 장소다. 과거 살롱의 모습을 담아 다양한 사람들이 각기 다른 주제로 이야기 나누는 것을 지향한다.
이러한 목적에 맞게 타인의 대화가 존중되도록 큰 소리는 지양하고 음악 역시 잔잔하게 흐른다. 또 넓은 창이 있는 방부터 반 층 위 다락방까지 여러 개의 공간으로 나뉘어 프라이빗한 시간을 보내기에 좋다. 뒷문으로 나가면 넓은 테라스가 있는데, 바로 앞 동막해변의 두 얼굴의 자연을 관찰할 수 있다. 평소에는 바다지만 간조 시간이 되면 갯벌의 모습으로 변해 세계 5대 갯벌의 모습을 감상할 수 있다. 태고의 아름다움을 간직한 갯벌 감상과 함께 커피 한 잔 속 깊은 이야기를 나누는 시간을 가져보는 것은 어떨까.

토크라피 talkraphy

ADD. 인천 강화군 화도면 해안남로1691번길 43-12
TIME. 매일 10:00~21:00
SNS. @talkraphy_

031.
CAFE POTR
CHINATOWN, **INCHEON**

팟알
cafe potr

인천역에서 가까워 관광객들이 쉽게 방문하기 좋은 차이나타운. 최근 떠오르는 관광지는 그 옆에 조성된 '일본풍 거리'다. 낙후된 도시 이미지를 개선하기 위해 건물 외벽을 바꿔 거리를 조성한 곳으로 일본의 옛 도심에 온 듯한 착각에 빠질 만큼 분위기를 잘 살렸다. 그러나 이면엔 140여 년 전부터 오랜 시간 켜켜이 쌓인 개항의 흔적이 남아있다. 대표적인 것 중 하나가 옛 모습을 잘 보존하여 '국가 등록문화재 567호'로 지정된 <팟알>이다. 일제강점기 당시 인천항에서 하역회사 사무소 겸 주택으로 이용되던 건물을 복원한 곳으로 현재는 후식과 소품을 판매하는 가게로 운영된다.
메뉴 역시 개항로의 특성을 반영한 것들로 구성하였다. 건물이 만들어졌을 당시 일본인들이 즐겨 먹은 팥죽과 팥빙수, 나가사키 카스텔라를 주메뉴로 선정했다. 매장 내에는 열람할 수 있는 인천 관련 책이 비치되어 있고 엽서, 종이 모형 등 옛이야기를 담은 기념품도 판매한다. 뉴트로 유행으로 단순히 소비되지 않고, 역사를 이해할 수 있는 공간이 되길 바라며 꾸준히 노력하고 있다.

팟알 cafe potr

ADD. 인천 중구 신포로27번길 96-2
TIME. 화-토 10:30~21:00, 일 10:30~19:00 (월 휴무)
SNS. @cafepotr

032.
FORESTOUTINGS
SONGDO, INCHEON

포레스트아웃팅스 송도점
forestoutings

연못을 감싼 거대한 나무와 땅에 핀 아기자기한 식물, 싱그러운 연못과 작은 다리는 마치 누군가 살고 있을 법한 숲속 마을을 연상시킨다. 그 위로 우주 행성처럼 여러 크기의 구형 조명등이 설치되어 신비로운 분위기를 더한다. 금방이라도 영화 『아바타』의 나비족이 튀어나올 것 같은 이곳은 송도에 위치한 <포레스트아웃팅스>다.
'도심에서 만나는 숲' 콘셉트를 내걸고 플랜테리어를 적극 활용했으며, 1층부터 3층까지 천장을 개방하여 어디서나 숲을 감상할 수 있다. 한참을 걸어야 모든 곳을 가볼 수 있을 정도로 넓은 규모를 자랑하며 이동에 부담을 덜어 줄 엘리베이터도 마련되어 있다. 1층에는 여러 가지 종류의 빵이 벽면 가득 진열되어 있는데 제철 과일과 생크림을 아낌 없이 넣어 보기만 해도 먹음직스럽다. 신선한 해산물과 채소를 이용한 키친 메뉴도 있어서 식사부터 커피까지 마음껏 즐길 수 있다. 봄에는 꽃이 핀 화사한 숲으로, 겨울에는 산타 마을로 변신하여 특별한 계절을 선물한다.

포레스트아웃팅스 송도점 forestoutings

ADD. 인천 연수구 청량로 145
TIME. 매일 10:00~22:00
SNS. @forestoutings_songdo

033.
MATDOLCAFE
NAMYANGJU, **GYEONG**

맷돌카페
matdolcafe

남양주 맷돌로에 위치해 도로 이름을 딴 〈맷돌카페〉는 천마산을 바라보며 향기로운 커피를 마실 수 있는 곳이다. 세 개의 층으로 이뤄진 실내 공간과 루프탑, 테라스를 겸비하였고 공간별 콘셉트가 다르게 구성되어 취향에 맞게 즐길 수 있다. 차분한 우드톤에서 좌식으로 앉아 휴식할 수 있는 2층, 화려한 샹들리에로 포인트 준 세련된 느낌의 3층, 시원한 바람이 함께 하는 루프탑 등 어디서든 식사를 즐길 수 있다.
모든 층은 통창으로 되어 있는데, 여러 계절의 풍경 중 붉게 물든 단풍잎을 볼 수 있는 가을에 진가를 발휘한다. 대표 메뉴는 '맷돌 갈비 에그베네딕트'로 LA 갈비와 돼지갈비가 들어간 오픈 샌드위치다. 카페 앞에 갈비 전문점을 함께 운영하고 있어 고품질의 고기를 사용한 특별한 메뉴를 탄생시켰다. 또 돌을 연상시키는 회색 크림이 올라간 아인슈페너와 아포가토도 별미다.

맷돌카페 matdolcafe

ADD. 경기 남양주시 화도읍 맷돌로 36-1, 1층
TIME. 매일 10:00~22:00
SNS. @matdolcafe_official

034.
ABEL COFFEE
NAMYANGJU, **GYEONGGI**

아벨 커피
abel coffee

수도권에서 드라이브하기 좋은 코스 중 하나인 경기도 남양주는 대중교통을 이용하는 뚜벅이가 서울에서부터 탐험하기에는 다소 어려운 곳이다. 그러나 규모부터 다른 카페들, 도심에서 볼 수 없는 자연을 보기 위해서는 한 번쯤은 북한강이 흐르는 남양주에 방문해 볼 필요가 있다. 다행히 남양주에 지하철로 쉽게 갈 수 있는 카페가 있다. <아벨 커피>는 경의중앙선 팔당역에서 도보로 3분이면 도착 가능하다.
궁전 같은 외관과 평화로운 잔디밭, 나무로 된 문과 실내의 샹들리에는 서울 도심에서 보기 힘든 이국적인 분위기를 자아낸다. 입구 바로 앞에는 먹음직스러운 베이커리가 진열되어 있고 우아한 곡선의 계단으로 올라가면 정원을 내려다볼 수 있는 2층과 테라스가 나온다. 세심하게 설계한 공간만큼 메뉴에도 정성을 쏟았다. 모든 메뉴는 가정식으로 제작하여 첨가물을 넣지 않고 프리미엄 바닐라 빈, 이즈니 버터 등 선별한 재료만 사용하고 있다. 가장 인기 있는 메뉴는 스콘과 케이크며 곁들이기 좋은 에스프레소 커피와 필터 커피를 판매하고 있다.

아벨 커피 abel coffee

ADD. 경기 남양주시 와부읍 팔당로 124
TIME. 매일 11:00~22:00
SNS. @abel_coffee

035.
CAFE CHA PREMIUM
NAMYANGJU, **GYEONGGI**

카페 차 프리미엄
cafe cha premium

성수동에서 '달고나 밀크티'로 유명한 카페 〈ㅊa〉가 프리미엄을 얹어 남양주에 문을 열었다. 한국적인 것과 모던한 것의 조화를 추구하는 브랜드답게 한옥을 재해석한 공간을 만들었다. 덕분에 빌딩 건물에 있던 다른 지점에 비해 이미지가 가장 확실하게 드러난다. 거기에 잔디 깔린 넓은 앞마당과 맞은편 한강뷰까지 더해져 제대로 된 휴식의 기분을 낼 수 있다.
내부는 차분한 모노톤으로 1층과 2층, 루프탑으로 나뉘며 1층에서 음료와 베이커리를 주문할 수 있다. 달고나로 유명해진 만큼 달고나 밀크티, 달고나 크림 커피 등이 대표 음료며 일반 커피와 차 그리고 스콘과 케이크 등 베이커리도 판매한다. 저녁에는 정원에 장작을 피워 낮아진 기온을 따뜻하게 채워준다. 낮에는 물멍, 밤에는 불멍을 할 수 있는 한옥 공간에서 힐링의 시간을 가져보자.

카페 차 프리미엄 cafe cha premium

ADD. 경기 남양주시 강변북로632번길 6-43
TIME. 매일 11:00~21:00
SNS. @cafecha_korea

036.
PALSOOP
NAMYANGJU, **GYEONGGI**

팔숲
palsoop

'팔당' 하면 바로 생각날 만큼 기억하기 쉬운 이름의 <팔숲>은 남양주 어느 산 위에 자리 잡고 있다. 단순한 카페가 아닌 휴식을 위해 탄생한 공간인 만큼 도심에서 보기 어려운 광경을 선사한다. 건물 모퉁이에 있는 곡선형 통창은 파노라마처럼 시원하게 펼쳐진 숲의 모습을 보여준다. 창 너머 풍경을 감상하는 것만으로 자연을 느낄 수 있지만, 더욱 가까이 경험하고 싶다면 야외의 산책길을 걸어보자. 산과의 경계가 모호할 정도로 울창한 나무가 함께하고 있으며 규모 역시 커 반려동물이 뛰어다니기도 좋다.
여름에는 녹음을, 가을에는 단풍을 바라보기 좋아서 계절이 바뀔 때마다 많은 사람이 등산하듯 카페를 방문한다. 구운 호밀빵과 스크램블드에그, 베이컨이 어우러진 브런치 메뉴를 비롯해 다양한 종류의 음료와 디저트 메뉴를 다룬다.

팔숲 palsoop

ADD. 경기 남양주시 와부읍 경강로849번길 38-41
TIME. 월-금 11:00~19:00, 토-일 11:00~21:00
SNS. @palsoop_

037.
DROGUERIA
HANAM, **GYEONGGI**

드로게리아
drogueria

산책과 라이딩을 즐기기 좋은 하남 미사동로 강변 앞에 쉬어가기 좋은 공간이 생겼다. 2층 높이의 실내 공간과 주차장, 정원을 겸비한 <드로게리아>는 브런치 카페 겸 수입식품 편집숍이다. 1층에서 다양한 식자재를 쇼핑할 수 있으며 각종 파스타 면부터 소스와 향신료, 과자와 빵 등 가지각색으로 구비되어 있다. 일부 제품은 시식도 가능하며 향신료는 직접 향을 맡을 수 있는 샘플까지 마련되어 구매에 편의를 돕는다.
쇼핑을 마치면 허기진 배를 맛있는 요리로 채워보자. 든든하게 먹기 좋은 스테이크와 파스타, 술안주로 좋은 피시앤칩스 등의 메뉴가 준비되어 있다. 강을 바라보며 미식에 대해 탐구하는 시간을 가진다면 더할 나위 없이 보람찬 하루가 될 것이다.

드로게리아 drogueria

ADD. 경기 하남시 미사동로 102-17
TIME. 매일 10:30~21:00
SNS. @drogueria.official

038.
CAFE WEATHER
HANAM, **GYEONGGI**

카페 웨더
cafe weather

하남의 작은 발리라고 불리는 <카페 웨더>는 무더운 날씨에도 테라스까지 손님이 가득 차 있을 정도로 여름에 인기 있는 카페다. 하늘과 시원하게 어울리는 흰 외벽, 테라스의 작은 풀장은 휴양지 분위기를 물씬 풍긴다. 공간은 1층과 2층, 테라스로 구성되며 구역별로 인테리어를 조금씩 변형시켜 다양성을 줬다. 특히 여러 가지 실로 그림을 짜 넣은 태피스트리와 보헤미안 패턴 카펫은 콘셉트의 완성도를 높여 주어 작은 소품 하나 놓치지 않고 세심하게 신경 쓴 것을 알 수 있었다.
동남아 여행지에서 판매하는 밀크티를 재현한 '웨더 밀크티'를 비롯해 커피와 티 같은 다양한 음료가 준비되어 있다. 그 외 플레터, 샐러드, 수프 등 브런치 시간 혹은 저녁 시간에 와인과 함께 즐길 수 있는 메뉴도 마련되어 있다. 덕분에 점심부터 저녁까지 다채로운 메뉴를 맛보며 발리의 분위기에 취할 수 있다.

카페 웨더 cafe weather

ADD. 경기 하남시 검단산로 228-8
TIME. 매일 10:00~21:00
SNS. @cafe_weather

Cozy place

WEATHER

039.
HOUSE PLANT
HANAM, **GYEONGGI**

하우스 플랜트
house plant

여기까지 사람들이 찾아올까 생각되는 후미진 길을 지나다 보면 북적이는 사람 소리가 들려온다. 얼핏 보면 시골에 있을 법한 창고 같은데 가까이 가면 적색 벽돌집과 주위를 덮고 있는 나무가 꽤 감성적이다. 보이는 것처럼 〈하우스 플랜트〉는 거대한 창고형 카페다.
빈티지 인더스트리얼 가구 브랜드 'RUSTIC furniture'가 꾸민 공간으로 그들만의 분위기를 공간에 표현하였다. 대문 바로 옆 건물은 커피와 빵을 만드는 카페이고 적벽돌로 이뤄진 건물은 화장실을 제외하고 모두 가구 쇼룸이다. 쇼룸에서는 책상, 의자, 조명 등 세월을 머금은 가구를 광활한 공간에서 구경할 수 있다. 이곳의 가장 대표적인 포토존은 나무 문 앞이다. 움푹 팬 공간에 붉은색 벽과 나무색이 조화를 이뤄 많은 사람이 앞에 서서 사진을 찍는다. 테라스에서 여유롭게 커피를 마시고 있는 사람들을 바라보면 가구만 보러 왔던 사람도 저절로 커피를 주문하게 된다. 시그니처 커피는 바닐라 베이스의 달콤한 '크림 라테'와 과일 향 나는 '봄비' 그리고 아몬드와 피넛 버터가 들어간 '크림더블넛츠'다. 특히 '크림더블넛츠'는 직원들이 추천할 만큼 많은 사랑을 받는 메뉴로 견과류의 고소함이 커피의 풍미를 더욱 잘 살려줘서 기억에 오래 남는다.

하우스 플랜트 house plant

ADD. 경기 하남시 덕풍북로6번길 14
TIME. 월-금 11:30~20:30, 토-일 10:00~22:00
SNS. @houseplant.official

040.
10593 BAGEL COFFEE HOUS
SUWON, **GYEONGGI**

10593 베이글커피하우스
10593 bagel coffee hous

권선동 아파트 단지 옆에 자리한 <10593 베이글커피하우스>는 매일 생산하는 베이글과 직접 로스팅한 커피를 판매하는 카페다. 이전에는 '10593 커피하우스'라는 이름으로 커피를 비롯한 음료를 주로 다루는 매장으로 운영되었으나, 시시각각 변화하는 먹거리들에 발맞춰 인기 가도를 달리는 베이글을 주력으로 변경하였다. 또한 거대한 네온사인 간판과 컨트리풍 인테리어 등 공간에도 유행을 접목해 새로운 브랜드로 탈바꿈했다.
베이글을 판매하기 시작하면서 평일 오전에도 웨이팅을 해야 할 정도로 많은 사람이 찾아온다. 제품도 다양한 종류가 진열되어 있는데, 촉촉한 치즈로 코팅된 황치즈 베이글과 감자샐러드가 듬뿍 들어간 '콘 베이컨 포테이토 샌드위치 베이글'은 그중에서도 가장 먹음직스러워 보였다. 따뜻한 수프와 풍미 깊은 커피도 함께 먹을 수 있어 브런치 시간에 이용하기 좋다. 그 외 말차를 이용한 '초코나무숲 라테'와 두 가지 초콜릿을 블랜딩하여 만든 '크림딥 모카' 등 달콤한 대표 음료도 만날 수 있다. 더 나은 공간을 위해 연구하는 1059-3번지의 다음 목적지는 어디일지 기대된다.

10593 베이글커피하우스 10593 bagel coffee hous

ADD. 경기 수원시 권선구 세권로166번길 31, 1층
TIME. 매일 9:30~21:00
SNS. @10593_bagel_coffee_hous

Cozy place

fresh Bagel
WELCOME TO
1059-3
bagel or coffee house
BAGEL
COFFEE
BRUNCH

午後

1059-3

ROMA
Centro Storico Prat
Rione

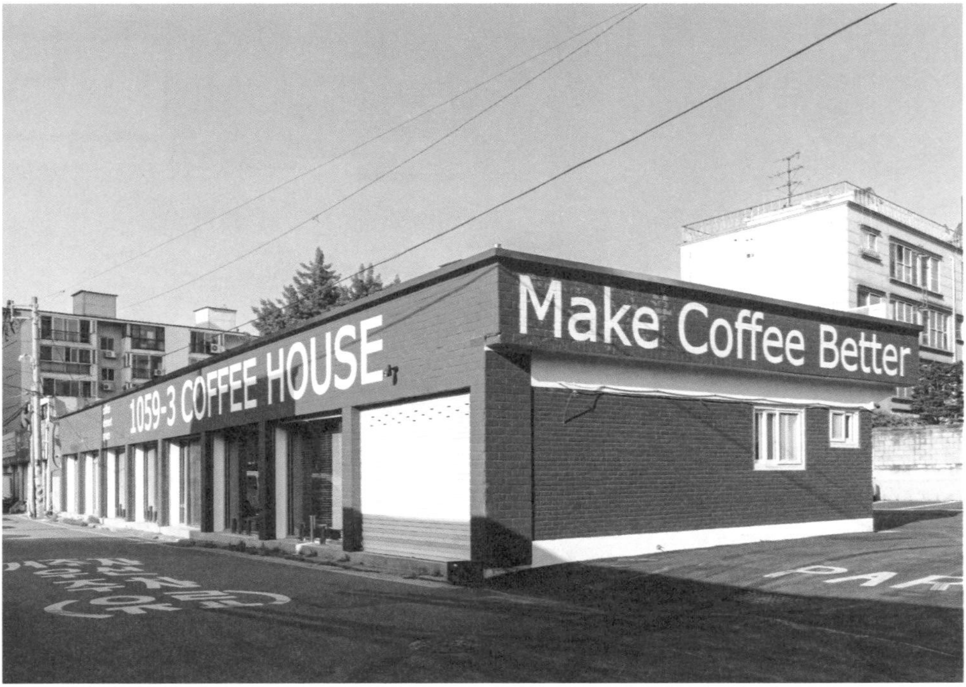

041.
SPACE SHOP PART.2
SUWON, **GYEONGGI**

공간상점 part.2
space shop part.2

팔달구에는 유독 주택을 개조한 카페가 많이 보인다. 인적이 드문 거리에 친근한 모습을 한 카페의 존재는 마을에 생기를 가져다준다. 공간상점 역시 그중 하나다. 래브라도레트리버 '욜로'가 반기는 아담한 크기의 1호점이 인기를 끌며 근처에 2호점을 냈다.
<공간상점 part.2>는 건물 2층에 위치한 곳으로, 밝은 톤의 1호점과 상반되게 짙은 나무 인테리어가 돋보인다. 구옥의 특징인 멋스러운 나무 천장을 그대로 살렸으며, LP와 낡은 거울 등을 소품으로 활용해 레트로한 느낌을 살렸다. 대표 메뉴는 멜로우 라테와 카페로얄이다. 멜로우 라테는 꾸덕한 크림 라떼 위 토치로 살짝 구운 마시멜로를 올려 완성한 커피다. 카페로얄은 위스키와 각설탕이 담긴 스푼에 불을 붙여 녹인 후 커피와 섞어서 마시면 된다. 커피 외 위스키와 칵테일 등 술도 판매하여 저녁에는 분위기 좋은 바로 이용할 수 있다. 또 반려견을 위한 음료 '멍푸치노'도 준비되어 있으니, 반려동물과 특별한 추억을 남기고 싶다면 한 번쯤 방문해 보자.

공간상점 part.2 space shop part.2

ADD. 경기 수원시 팔달구 화서문로 77, 2층
TIME. 일–목 12:00~22:00, 금–토 12:00~24:00
SNS. @spaceshop_2

042.
GRABITATE
SUWON, **GYEONGGI**

그래비테이트
gravitate

중력은 물체를 지구 중심으로 당기는 힘을 뜻한다. 지구와 물체가 서로 당기는 것처럼 고유한 매력으로 사람들을 끌어모으는 카페가 있다. 신풍동의 <그래비테이트>는 화성행궁과 주변 일대를 한눈에 볼 수 있는 곳으로 유명하다. 실내보다 야외 면적을 넓혀 옥상의 이점을 적극 활용하였으며, 시야가 탁 트인 곳에서 화성행궁을 볼 수 있어서 인기다.
공간이 전반적으로 짙은 회색을 띠고 있어 차가운 느낌을 주지만, 메뉴 주문 시 친절한 설명이 더해져 따뜻한 인상을 남긴다. 다양한 원두를 에스프레소, 필터, 사이폰과 같은 여러 브루잉 방식으로 즐길 수 있어서 자신에게 맞는 취향을 찾을 수 있다. 가장 주목받는 메뉴는 재미있는 발상이 더해진 디저트다. '뉴턴의 사과(Newton's Apple)'는 뉴턴이 사과가 떨어지는 것을 보며 깨달은 만류인력의 법칙에서 영감을 받았다. 사과 모양의 이 디저트는 마스카포네 크림, 사과 콩포트, 다크 초콜릿 등으로 채워져 있다. '페일 블루 닷(Pale Blue Dot)'은 영롱한 지구의 형태를 하고 있으며 리치 무스, 블루베리 콩포트로 맛을 냈다. 개성 있는 메뉴를 통해 일상 속 특별한 궤도를 그려보길 바란다.

그래비테이트 gravitate

ADD. 경기 수원시 팔달구 신풍로23번길 4, 3층
TIME. 월–금 12:00~21:00, 토–일 12:00~22:00
SNS. @gravitate_official

043.
COTE A COTE
SUWON, GYEONGGI

꼬따꼬뜨
cote a cote

"꿈을 이루고 싶을 때 여러분은 어떻게 하나요." 대부분의 사람은 마음속으로 간절히 기도 하거나 어딘가에 소원을 빌 것이다. 지금 있는 곳이 로마라면 트레비 분수 앞에서 소원을 담은 동전을 던지고 있을지도 모른다. 이러한 바람을 들었는지 소원 분수를 옮겨 놓은 카페가 생겼다.

광교 카페거리 가장 끝에 위치한 <꼬따꼬뜨(Cote A Cote)>는 광교 속 파리를 꿈꾸며 지어졌다. 프랑스어로 '나란히'라는 뜻을 가지고 있는데, 의미를 확장하면 '당신의 꿈과 나란히'라고 해석된다. 내부는 체크무늬 바닥, 라탄 의자, 분수대 등 파리를 연상시키는 이국적인 요소들로 꾸몄다. 초록 잎 가득한 산책길에는 테라스를 두어 노천카페 분위기도 냈다.

대표 메뉴는 '카페 꼬따꼬뜨'로 크림, 연유, 우유, 바닐라 시럽이 커피와 함께 나와 코스 요리처럼 풍부하게 즐길 수 있다. 프랑스산 밀가루를 쓴 베이커리까지 판매하여 파리에 한 발짝 더 다가간다. 식사 후 소원 분수 앞에서 가게에서 나눠 준 동전을 던져보자. 혹시 아는가. 당신의 소원이 이뤄질지.

꼬따꼬뜨 cote a cote

ADD. 경기 수원시 영통구 센트럴파크로127번길 80-7, 지하 1층
TIME. 매일 11:00~20:00 (화 휴무)
SNS. @cote.a.cote_official

044.
LEDETOUR
SUWON, **GYEONGGI**

르디투어 광교
ledetour

달콤한 디저트와 멋진 공간을 좋아하는 사람들에게 어쩌다 마주친 카페가 마음에 쏘옥 들 때 겪는 행복감은 이루 말할 수 없다. 이러한 상황을 한 단어로 표현하여 이름을 붙인 카페가 있다. 수원의 <르디투어(Bienvenue Le Detour)>는 '우연히 돌아가던 길에서 만나게 된 즐거움'을 의미한다.
광교 외식타운 안에서도 독보적인 규모와 건축미로 존재감을 드러내 광교로를 지나던 차들을 돌아 세우게 한다. 세계 건축상을 받은 곽희수 건축가가 지은 곳으로 조각을 꿰맞춘 것처럼 입체적인 디자인이 인상적이다. 높은 층고로 이뤄진 내부와 루프탑에서 광교산을 감상할 수 있으며, 특히 가을에 방문하면 붉게 물든 단풍을 보기 좋다. 거대한 제빵실을 갖춘 만큼 빵에 대한 연구를 지속하고 있다. 많은 종류의 빵 중 대표되는 제품은 페이스트리, 잠봉뵈르, 베이글이다. 가장 기억에 남는 건 크림치즈로 속을 가득 채운 베이글 두 종류, 그리고 '르디투어 콕'이다. 콕은 매실과 시나몬의 환상의 조합을 자랑하여 콜라 대신 마시기 좋다. 여러 가지 디저트에 계절을 느낄 수 있는 풍경까지 더해진 르디투어를 떠올리면, 퇴근길이 벌써 행복한 기분이다.

르디투어 광교 ledetour

ADD. 경기 수원시 영통구 웰빙타운로36번길 46-234
TIME. 매일 10:00~21:00
SNS. @ledetour_cafe

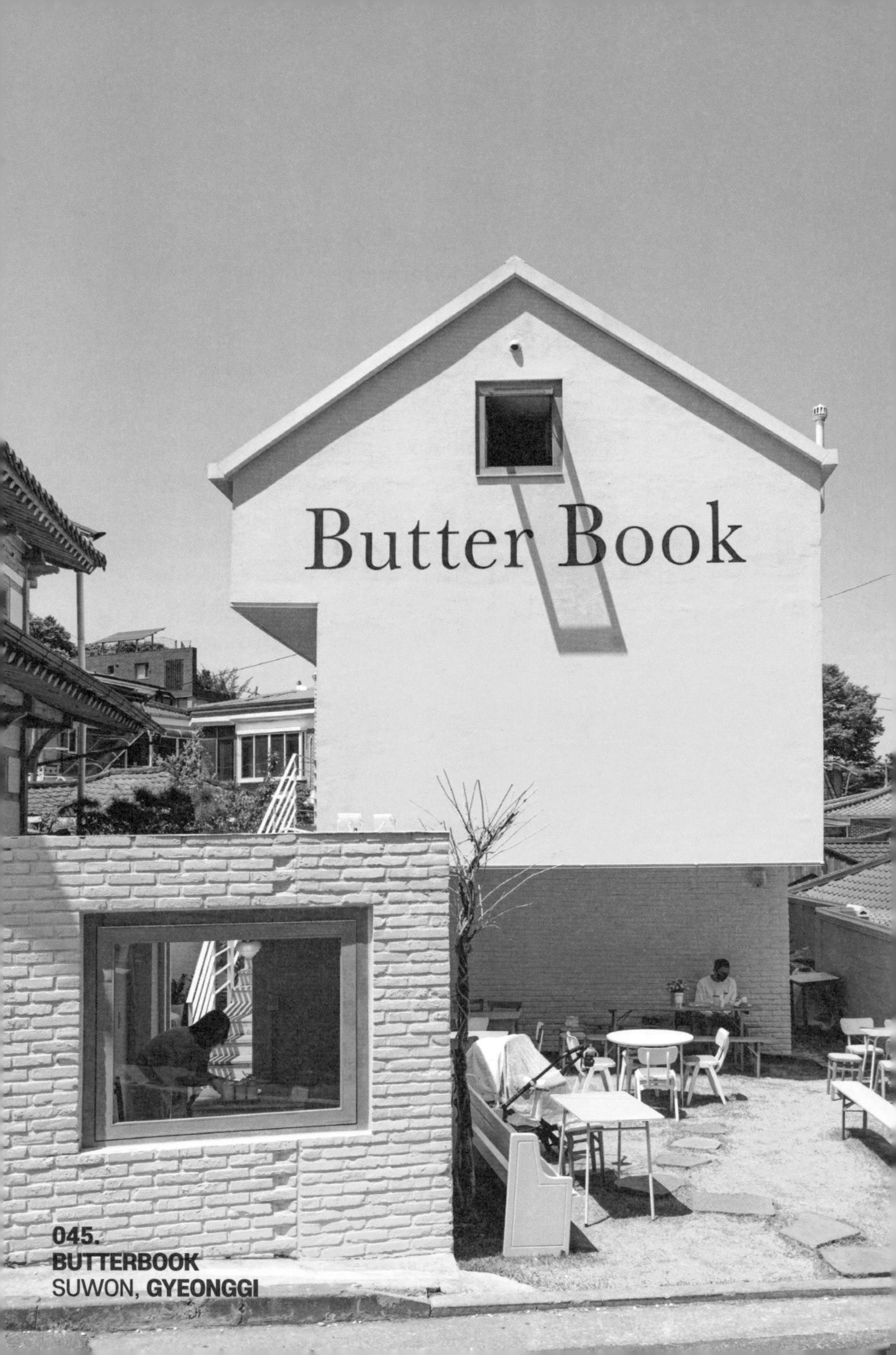

045.
BUTTERBOOK
SUWON, **GYEONGGI**

버터북 행궁점
butterbook

노란 버터 색 건물이 식욕을 자극해서인지 이곳의 빵은 유독 맛있는 것 같다. 주말과 평일 가릴 것 없이 문을 열자마자 사람들이 줄을 서서 도넛을 사 가는 곳, 바로 <버터북>이다.

이름처럼 버터의 다양한 사용법을 알려주듯 도넛, 스콘, 쿠키 등 다양한 베이커리를 판매한다. 서울 해방촌의 작은 가게를 시작으로 수원과 부산에 분점을 냈으며, 그중 수원 행궁점은 하늘과 맞닿은 노란 삼각 지붕이 동화 속 과자집을 연상시키는 가장 인상적인 지점이다. 안에는 알록달록한 도넛처럼 여러 가지 파스텔 톤의 가구들로 꾸며져 있고, 다락방 같은 2층과 테라스 등 곳곳에 공간이 숨어 있다.

진열대를 빽빽하게 채우고 있는 도넛은 라즈베리, 바닐라, 초콜릿 등 다양한 종류가 있으며, 곁들이기 좋은 드립커피와 티, 우유가 마련되어 있다. 한 입 베어 물면 크림이 튀어나올 정도로 속이 가득 차 있는 도넛으로 작은 행복을 만나보자.

버터북 행궁점 butterbook

ADD. 경기 수원시 팔달구 화서문로16번길 83
TIME. 월-금 12:00~20:00, 토-일 12:00~22:00
SNS. @butterbook.kr

046.
JUNGJIYOUNG COFFEE ROASTERS
SUWON, **GYEONGGI**

정지영커피로스터즈 행궁본점
jungjiyoung coffee roasters

'아이러브 뉴욕', '웰컴투 제주'와 같은 슬로건은 간결한 문구로 지역의 인상을 효과적으로 전달한다. 관광객은 물론 그 지역을 사랑하는 누구나 슬로건을 사용하고, 관련된 굿즈를 구매하기도 한다. 한 지역의 대명사가 되는 슬로건처럼 수원하면 떠오르는 카페가 되고자 〈정지영커피로스터즈〉를 만들었다.
이러한 진심이 통했는지 행궁 본점을 시작으로 장안문점, 화홍문점, 남수문점 등 수원 여러 군데 분점을 두며 사람들의 뇌리에 수원 대표 카페로 자리 잡았다. 본점은 지하 1층부터 5층 루프탑이 있는 건물을 통째로 사용하여 거대한 커피 공장을 연상시킨다. 커피 바, 로스팅 룸, 카페 공간은 물론이고 아카데미와 교육 공간도 갖추어 커피 문화를 알리는 데 앞장서고 있다.
이름을 내걸고 운영하는 만큼 원두와 메뉴 선정에 최선을 다한다. 원두 본연의 맛을 느낄 수 있는 핸드 드립을 추천하며 라테를 좋아한다면 플랫화이트, 코코넛을 추천한다. 본점이 유명한 이유는 하나 더 있다. 루프탑으로 올라가면 도시의 경관을 파노라마 사진처럼 감상할 수 있다. 역사적인 문화재와 오래된 마을이 공존하는 수원의 풍경을 보노라면 잔잔한 감동이 느껴진다.

정지영커피로스터즈 행궁본점
jung ji young coffee roasters

ADD. 경기 수원시 팔달구 신풍로 42
TIME. 매일 12:00~22:00
SNS. @jungjiyoungcoffee

047.
KEEPTHAT
SUWON, **GYEONGGI**

킵댓 본점
keepthat

"100명 안에 들지 못하면 탈락입니다."
커피 한 잔으로 선풍적인 인기를 끈 <킵댓>은 품질 유지를 위해 한정 수량 판매를 시작했다. 그 주인공은 오직 아이스만 가능한 '바닐라 라테'. 이름은 평범하지만 비주얼을 보면 결코 무난하지 않다. 직접 디자인한 잔에 담겨 나오며, 시럽 대신 바닐라 고유의 재료만을 사용한 수제 아이스크림을 사용한다. 특별한 비율로 블렌딩한 우유와 쌉싸름한 에스프레소에 적절한 단맛이 어우러져 주중, 주말 관계없이 해가 지기 전에 품절된다. 만약 한정 메뉴를 먹지 못한다면 낙심하지 말고 다른 라테에 주목해 보자. 따뜻한 초콜릿 라테는 최고급 네덜란드 코코아와 천연 바닐라빈으로 만든 아이스크림이 어우러져 고급스러운 맛을 느낄 수 있다. 캐러멜 라테는 에스프레소 위 진하고 달콤한 크림이 올라가 또 다른 매력의 맛이다. 가장 기본적인 커피 맛의 퀄리티는 유지하면서, 새로운 메뉴 개발로 늘 발전을 도모하는 <킵댓>. 더불어 직접 제작하는 굿즈도 많은 사랑을 받고 있다. 계절마다 색을 바꿔 출시하는 컵은 번번이 품절되어 재입고 소식을 기다리는 사람들이 늘고 있으니 서둘러 방문해 보는 것이 좋겠다.

킵댓 본점 keepthat

ADD. 경기 수원시 팔달구 화서문로31번길 14-34
TIME. 월-금 12:30~20:30, 토-일 11:30~20:30
SNS. @keepthat_coffee

048.
HEOL COFFEE ROASTERS
SUWON, **GYEONGGI**

헤올 커피로스터즈
heol coffee roasters

수원화성의 북문이자 정문인 장안문은 수원에서 손꼽히는 관광명소다. 지붕면이 사방으로 경사진 형태를 갖추어 서울 숭례문보다 큰 규모를 자랑하며, 낮과 밤 가리지 않고 아름다운 자태를 뽐낸다. 바로 앞에서 보면 눈에 다 들어오지 않을 정도인데, 웅장한 장안문을 더욱 특별하게 감상할 수 있는 방법이 있다.
바로 <헤올커피로스터즈>에서는 눈높이에서 장안문의 전체를 감상할 수 있다. 덕분에 커피와 디저트를 맛보기도 전에 창밖의 풍경만으로 벌써 배가 부르다. 사진 스팟으로 유명한 곳은 3층의 창가 자리와 루프탑이다. 특히 노을 시간에 방문하면 분홍빛으로 물든 그림 같은 풍경을 사진으로 남길 수 있다. 대표 음료는 소보로 토핑이 올라간 밀크 아인슈페너 '소오름'이며, 디저트로 갸또와 크로플이 준비되어 있다. <HEOL(헤올)>의 의미 "Have a afterglow"처럼 좋은 추억과 여운을 남겨보길 바란다.

헤올 커피로스터즈 heol coffee roasters

ADD. 경기 수원시 팔달구 정조로 902, 2층
TIME. 월-목 12:00~22:00, 금-일 12:00~23:00
SNS. @cafe_heol

049.
STANDARD OF STUFF
SUWON, **GYEONGGI**

스탠다드오브스터프 신풍점
standard of stuff

「standard: 기준(基準): 기본이 되는 표준」 '어떠한 것의 표준'을 의미하는 〈스탠다드오브스터프〉는 지친 일상을 환기할 수 있는 공간을 기준으로 잡았다. 오래된 주택을 상업적인 구조로 개조하여 전원의 푸근함은 유지하되, 모던한 인테리어를 채워 세련된 휴식의 공간을 만들었다. 마당에는 작은 풀장과 나무가 심긴 화단, 아기자기한 화분을 두어 정겨운 마을을 떠올리게 한다. 원목으로 이뤄진 실내는 미드 센추리 모던 스타일의 가구들로 꾸몄는데, 방마다 다른 형태와 소재의 제품을 사용해 다양성을 주었다. 과거와 현재, 시골과 도시의 분위기를 조화롭게 배치한 덕에 '2021 수원 디자인 대상'의 인테리어 부문에서 수상을 하였다.

대표 메뉴는 플랫화이트 위 계란 노른자로 만든 크림이 올라간 '스터프커피'다. 호불호가 갈릴 수 있는 크림 위 시나몬과 그라인딩 원두를 올려 균형 있는 맛을 완성했다. 크럼블과 티라미수 등 달콤한 디저트도 있으니, 편안한 공간에서 휴식과 충전을 채워가자.

스탠다드오브스터프 신풍점 standard of stuff

ADD. 경기 수원시 팔달구 신풍로 38-3
TIME. 매일 12:00~21:30
SNS. @standardofstuff

050.
GARDENUS
PAJU, GYEONGGI

가드너스
gardenus

파주 헤이리 마을은 국내 최대 규모의 예술마을 및 문화지구다. 어떠한 건축물이든 연면적의 60% 이상을 문화시설로 설계해야하기 때문에 박물관, 미술관은 물론 카페와 레스토랑에도 문화와 예술이 존재한다. 또한 이웃 건물과의 조화를 중요시하고 있어서 마을 전체가 건축 박람회 현장이라 할 정도로 멋스러운 건물로 가득하다.
그중 250평 규모의 거대한 몸집으로 시선을 사로잡는 건물이 있다. <가드너스>는 총 세 개의 층으로 운영되는 갤러리 겸 베이커리 카페다. 1층 기둥이 건물을 지탱하고 2, 3층은 공중에 떠 있어 흡사 다리를 연상시킨다. 하나의 작품 같은 이 건물은 2016년 한국건축문화대상 대통령상과 아메리칸 건축상 골드메달을 수상한 이뎀도시건축 곽희수 소장의 디자인이다. 실내는 통창으로 개방감을 살렸고, 모든 층에 테라스를 두어 실외 비율을 높였다. 탁 트인 1층 테라스에는 곳곳에 소파를 배치해 편안한 분위기를 조성하고, 한쪽에 물 공간이 있어 흐르는 물소리와 함께 음악을 감상할 수 있다. 구역마다 다르게 구성되어 있기 때문에 넓은 공간을 산책하며 둘러보는 재미도 있다. '최고의 커피 기업'을 목표로 하는 만큼 엄선한 원두를 이용해 커피를 내리며, 유기농 밀가루를 사용한 다양한 베이커리도 준비되어 있다.

가드너스 gardenus

ADD. 경기 파주시 탄현면 헤이리마을길 59-52
TIME. 매일 10:00~22:00
SNS. @gardenus_

051.
MUNSTERDAM
PAJU, **GYEONGGI**

뮌스터담
munsterdam

독일 북서쪽의 도시 뮌스터(Münster)를 담은 초대형 카페가 파주에 생겼다. 운정 외곽에 위치한 <뮌스터담>은 1만 5천 평의 거대한 규모로 이루어져 다양한 콘텐츠를 제공한다.
거대한 창고 같은 건물 지붕에 크게 이름을 적어 놓아 멀리서도 쉽게 발견할 수 있다. 내부는 웅장함이 느껴질 정도로 높은 천장을 자랑한다. 프라하의 벽시계, 유럽의 건물들이 세밀하게 벽화로 그려져 있고 가로수처럼 나무가 줄지어 있어서 외국 거리를 떠오르게 한다. 맨 끝자락에는 독일 분위기가 느껴지는 작은 펍도 운영한다. 독일식 족발 요리인 슈바인스학세와 독일 정통 밀맥주 파울라너 바이스비어를 맛볼 수 있어서 뮌스터에 온 기분을 낼 수 있다. 야외 공간에는 분수대와 연못, 산책로가 있는 드넓은 잔디밭과 캠핑장이 마련되어 있다. 아이들은 물론 반려동물까지 함께할 수 있어서 가족 나들이로 제격이다.

뮌스터담 munsterdam

ADD. 경기 파주시 운정로 113-175
TIME. 매일 10:00~22:00
SNS. @munsterdam

052.
CAFE LOUVERWALL
PAJU, **GYEONGGI**

카페 루버월
cafe louverwall

<카페 루버월>은 2016년 한국건축가협회상, 2017년 미국 건축상을 수상하여 파주에서도 건축미가 좋은 건물로 손꼽힌다. '루버(louver)'는 폭이 좁은 판을 비스듬히 일정 간격을 두고 수평으로 배열한 것을 뜻하는데, 직사광선은 피하면서 따뜻한 채광을 느낄 수 있어 건물 전체에 설계하였다. 밖에서는 안이 보이지 않지만, 실내에서는 밖을 편하게 볼 수 있기 때문에 주거 공간에 적용하기도 적합하다. 실제로 1층은 음악 카페, 2·3층은 부부와 고양이가 사는 주거 공간으로 사용되고 있다.
독특한 겉모습만큼 신비로운 내부를 자랑하는데, 이곳의 진가는 햇빛이 들어올 때 나타난다. 촘촘한 판 사이로 빛이 들어와 채광이 수 놓은 아름다운 공간을 경험할 수 있다. 낮에 방문하면 따스한 햇볕을 맞으며 커피 한잔과 함께 여유를 즐길 수 있다. 메뉴는 커피와 생과일주스, 아이스크림, 베이커리 등 다채롭게 구성된다. 조용한 주택가 사이에 자리 잡고 있어서 책 한 권을 챙겨 방문해도 좋을 것이다.

카페 루버월 cafe louverwall

ADD. 경기 파주시 안개초길 18-4, 1층
TIME. 매일 9:00~21:00
SNS. @cafe_louverwall

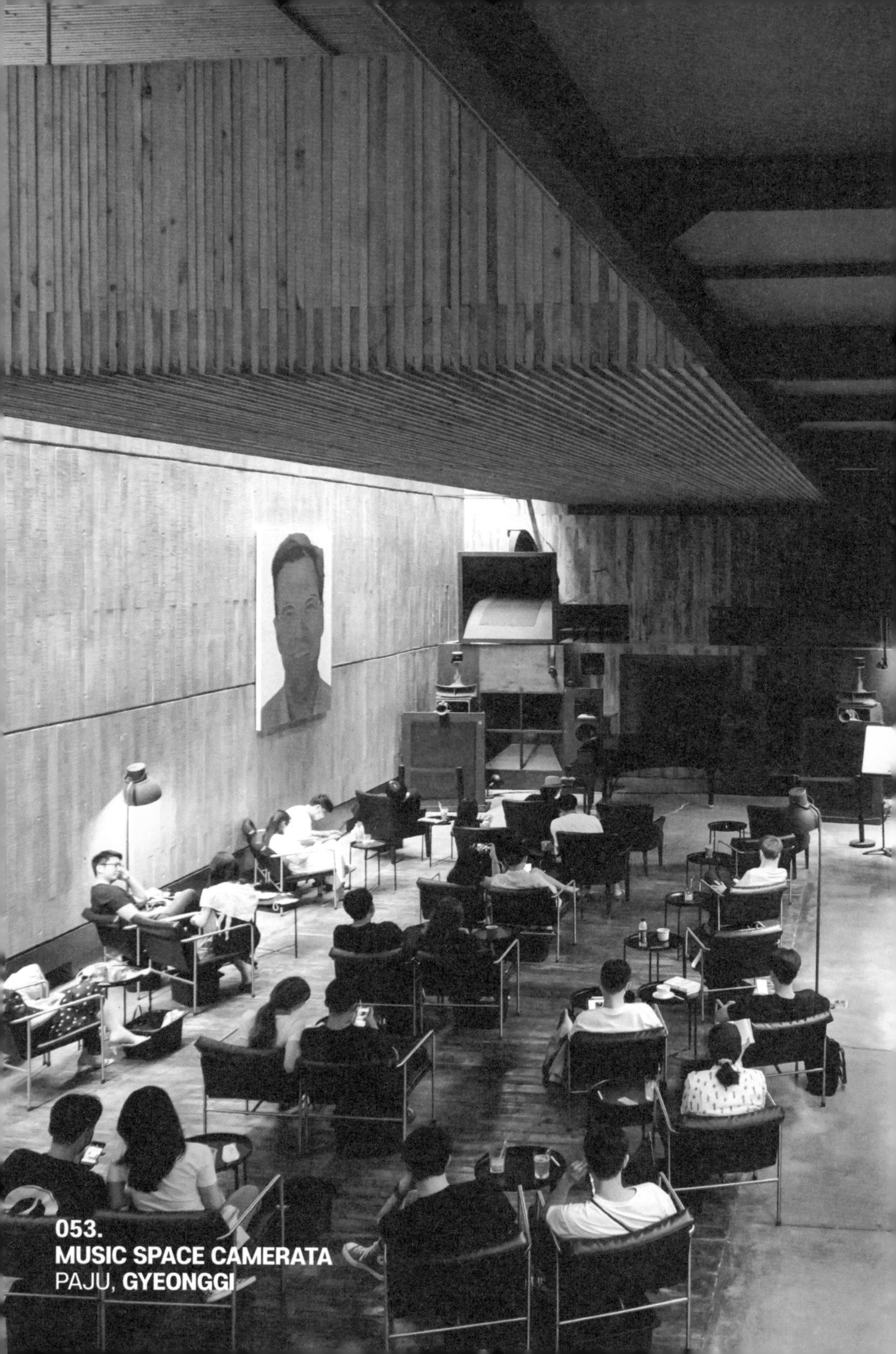

053.
MUSIC SPACE CAMERATA
PAJU, **GYEONGGI**

황인용
뮤직 스페이스 카메라타
music space camerata

한창 LP에 관심이 생기기 시작했을 때, 파주의 <콩치노 콩크리트>, 서울 성북구의 <리홀 뮤직 갤러리> 등 음악감상실 탐방이 취미였다. <황인용 뮤직 스페이스 카메라타>도 이때 방문한 곳이다. 헤이리 마을에 위치한 카메라타는 박스 형태의 육중한 콘크리트 건물이다. 작은 철문을 열고 들어가면 기둥 하나 없는 10미터 높이의 공간이 모습을 드러내는데, 넓은 내부에 클래식 음악이 웅장하게 울려 퍼진다. 가장 앞에는 무대를 대신해 거대한 스피커가 자리하고, 의자와 테이블은 모두 앞을 향하고 있어 콘서트홀을 연상케 한다. 벽에는 2미터 넘는 초상화 그림이, 다른 한쪽에는 CD와 LP가 빼곡하게 진열되어 있다. 1970년대부터 약 40년간 라디오 디제이로 활약한 방송인 황인용의 수집품으로 아날로그한 감성이 돋보인다.
입장료를 내면 음료 1잔이 무료로 제공된다. 아메리카노, 카페라테 등 커피와 밀크티, 유자차 등 차 종류가 준비되어 있다. 음악을 감상하며 주위를 둘러보니 사진을 찍거나 책을 읽는 사람들이 꽤 많았다. '예술가 집단'이라는 카메라타의 뜻처럼 이곳에 모인 사람들은 모두 음악에서 영감을 받아 새로운 것을 창작하는 예술가가 아닐까.

황인용 뮤직 스페이스 카메라타 music space camerata

ADD. 경기 파주시 탄현면 헤이리마을길 83
TIME. 매일 11:00~21:00 (목 휴무)
SNS. @musicspacecamerata

054.
GOLDENTREE
GAPYEONG, GYEONGGI

골든트리
goldentree

남이섬과 쁘띠프랑스 사이에 위치한 <골든트리>는 유리창 너머로 펼쳐지는 산과 강, 잔디밭을 감상할 수 있는 카페다. 건축가 최철수의 설계를 주축으로 인테리어, 브랜딩 등 각 전문 분야의 사람들이 모여 노출 콘크리트로 이뤄진 멋스러운 공간을 만들었다. 거대한 바위 같은 건물은 바람을 따라 움직이는 자연과 어우러져 하나의 풍경처럼 보이기도 한다. 1층과 2층으로 운영되며 각 층에는 넓은 창과 테라스가 있어 산과 강을 바라보며 복잡한 도시를 잊고 사색에 빠지기 좋다.

먼 곳을 바라보다 보면 강변에 오롯이 서 있는 구상나무 한 그루를 발견할 수 있다. 이는 기후변화로 인해 점점 사라져가는 우리나라 고유종 나무로 골든트리의 상징이기도 하다. 사라져가는 자연을 보며 좀 더 아끼고 보호해 주고 싶은 마음에 공간을 만든 것이 아닐까 짐작해 본다. 가평에서도 꽤 깊숙한 곳에 있어 먼 발걸음을 한 사람들의 허기짐을 달래주기 위한 메뉴가 준비되어 있다. 케이크, 타르트, 스콘 등의 베이커리와 커피, 에이드, 맥주 등의 음료를 즐길 수 있다.

골든트리 goldentree

ADD. 경기 가평군 가평읍 북한강변로 326-124
TIME. 월-금 10:00~19:00, 토-일 10:00~20:00
SNS. @goldentree_official

055.
BBHAUS
GOYANG, **GYEONGGI**

비비하우스
bbhaus

어린 시절 빨강, 파랑, 노랑 셀로판지를 손전등에 붙여 색 그림자를 만들어 본 경험이 있을 것이다. 스테인드글라스에도 적용되는 이 원리는 빛과 색 두 가지 요소만으로 공간을 칠하여 간단하게 분위기를 바꿀 수 있다. 그렇다면 건물을 가득 채울 정도로 크기를 키우면 어떻게 될까? 비비하우스는 이것을 실현했다. 2층 높이의 통창에 모자이크 모양으로 색색의 필름지를 붙여, 채광이 좋을 때 공간을 알록달록하게 칠하도록 하였다. 원래 분홍색을 띤 내부에 다채로운 색이 스며들어 더욱 화려하게 변신한다.
햇빛이 닿지 않는 2층은 1층과 또 다른 매력을 가진다. 분홍색 바탕에 푸른색으로 포인트를 주었고 아치형, 원형 등 기하학적 도형을 인테리어에 적극 활용했다. 다양한 요소가 미학적으로 구성되어 있어 현대미술 작품 속에 들어온 기분을 느낄 수 있다. 메뉴는 공간만큼이나 형형색색으로 구성되어 있다. 여러 색의 미니 마카롱이 올라간 비비 마카롱 라테와 오로라빛 잔에 담긴 BB 그러데이션 에이드가 대표 음료다. 또 개성 있는 디자인의 큐브 식빵과 타르트, 까눌레 등 다양한 종류의 베이커리도 만날 수 있다. 매일 봄 같은 비비하우스에서 화사한 일상을 즐겨보자.

비비하우스 bbhaus

ADD. 경기 고양시 일산동구 백마로 506
TIME. 매일 10:00~22:00
SNS. @bbhaus_ilsan

056.
SUSANPARK
GIMPO, GYEONGGI

수산공원
susanpark

"이제 카페에서 상어도 볼 수 있나 봐." 낚시 카페, 수족관 카페도 존재하는 마당에 크게 놀랄 일도 아니다. 그러나 거대한 고래와 돌고래 무리가 나타나는 장면을 보고 실재가 아니라는 것을 깨달았다. SNS에서 영상으로 큰 화제가 된 <수산공원>은 바닷속에서 산책하는 기분을 만끽할 수 있는 카페다. 층고가 높은 실내 중앙에 거대한 스크린을 설치하여 생생한 바다의 풍경을 재생한다. 어떨 때는 신비로운 바닷속이, 어떨 때는 파도 치는 바다가 펼쳐져 김포가 아닌 다른 곳으로 인도한다. 또한 1층에는 해변 모래사장을 간접 체험할 수 있는 좌석이 마련되어 있고, 루프탑에는 모아이 상과 천국의 계단 같은 포토존이 설치되어 있어서 테마파크처럼 다채로운 경험을 할 수 있다.

음료와 빵에도 공간의 분위기를 이어간다. 돌고래가 올라간 '블루 퍼레이드'와 바다의 색을 담은 '푸른 바다 에이드'는 아이들도 좋아할 비주얼의 음료다. 해산물을 활용한 '매운 탕탕빵'과 '김포빵'은 지역 명물로 알려져 기념으로 포장해 가기 좋다.

수산공원 susanpark

ADD. 경기 김포시 대곶면 대명항1로 52, 나동
TIME. 매일 10:00~21:00
SNS. @susanpark.cafe

057.
SASONG
SEONGNAM, **GYEONGGI**

사송
sasong

탄천의 범람으로 마을에 모래사장이 많고, 고개에 오래된 소나무가 많아 붙여진 이름 사송. 성남 사송동의 한 마을에는 지역 이름을 그대로 딴 카페가 있다.
가옥을 개조하여 만든 〈사송〉은 고즈넉한 정취를 손님들과 공유하기 위해 만들어졌다. 'ㄷ'자 구조의 한옥 건물은 통창으로 이뤄져 실내에서도 중정을 볼 수 있음은 물론이고 카페 주변을 둘러싼 푸른 자연도 감상할 수도 있다. 덕분에 자리에 앉아서 차 한잔 마시는 것만으로도 계절감을 느낄 수 있다. 내부는 모래를 이용해 바닥을 만들고 나무 재질의 가구를 두어 사송동 지역의 특징을 떠올릴 수 있도록 하였다.
커피와 차 그리고 간단한 디저트가 준비되어 있는데 가장 추천하는 메뉴는 따뜻한 차 메뉴다. 한 모금씩 천천히 마시는 따뜻한 차 한잔과 함께 공간에 머무르며 느린 시간 속 고요함을 찾아보자.

사송 sasong

ADD. 경기 성남시 수정구 사송로77번길 55
TIME. 월–금 10:00~20:00 (토,일 휴무)
SNS. @sasong.coffee

058.
HOTEL THEILMA
SEONGNAM, **GYEONGGI**

호텔 더일마
hotel theilma

높은 건물 하나 없는 한적한 대로변에 세련된 호텔이 나타났다. 사송동에 위치한 〈호텔 더일마〉는 의류 편집숍 '더일마(Thellma)'에서 만든 공간이다. 가상의 호텔을 모티브로 공간을 디자인하였으며 플래그십 스토어와 브런치 카페를 한 곳에서 만날 수 있다. 입구로 들어가면 거대한 벤야민 나무 너머로 호텔 프런트 같은 카운터가 나온다. 체크인하듯 메뉴를 주문하고 나면, 편안한 휴식을 위한 식사 공간이 기다리고 있다.
차분한 아이보리색과 나무 질감의 인테리어, 창밖의 초록빛 자연은 눈은 물론 마음의 피로를 덜어준다. 채광이 좋아서 따스한 햇살과 함께 즐길 수 있는 브런치 메뉴가 인기다. 그레코 치킨 스튜, 각종 크레프는 맛도 좋지만, 예쁜 그릇에 플레이팅 되어 대접받는 기분이다. 음료는 원두를 선택할 수 있는 커피와 뱅쇼, 로얄밀크티 같은 논커피가 준비되어 있다. 식사를 마쳤으면 반대편에 있는 숍으로 향해보자. 의류, 패브릭 소품, 접시, 컵 등 구매 욕구를 부르는 감각적인 디자인의 라이프스타일 제품이 마련되어 있다. 서울 근교에서 가볍게 호캉스를 다녀오고 싶다면 눈과 입이 즐거운 〈호텔 더일마〉로 떠나자.

호텔 더일마 hotel theilma

ADD. 경기 성남시 수정구 사송로77번길 35
TIME. 매일 10:00~19:00
SNS. @hoteltheilma

059.
MUK COFFEE BAR
ANSAN, **GYEONGGI**

묵 커피바
muk coffee bar

안산에서 진흙 속의 진주처럼 발굴한 카페가 있다. 사동에 위치한 묵커피 바는 이름처럼 새까만 먹색으로 칠해진 카페다. 직선적이고 간결한 디자인의 공간에 밝게 빛나는 커피 바로 포인트를 주어 흑과 백의 대비를 분명하게 했다.
빛과 어둠을 그린 것 같은 이미지는 메뉴에도 이어졌다. 우유와 생크림을 섞어 만든 하얀 판나코타 '백(白)'과 문방사우의 먹을 연상케 하는 꾸덕한 초코바 '먹(墨)'은 미니멀한 모양과 맛을 가진 대표 디저트다. 무채색을 표현하기 위해 흑임자 크림을 활용한 '묵임자라테'도 시그니처다. 진한 에스프레소와 고소한 크림이 만나 공간의 색처럼 깊은 맛을 띈다. 가게 이름과 공간, 메뉴가 통일성을 주어 기억에 오래 남는 곳이다.

묵 커피바 muk coffee bar

ADD. 경기 안산시 상록구 성안1길 25, 101호
TIME. 매일 12:00~22:00
SNS. @mukcoffeebar

060.
BRITISHGARDEN STUDIO
YANGJU, GYEONGGI

브리티시가든 스튜디오
britishgarden studio

<브리티시가든 스튜디오>는 800평의 넓은 공간에서 영국 가구와 정원을 경험할 수 있는 카페다. 이국적인 인상의 회전문을 열고 들어가면 수많은 가구가 공간을 채우고 있다. 영국에서 직접 공수한 빈티지 제품으로 곡선이 매력적인 가죽 소파부터 고풍스러운 원목 장식장, 파스텔색의 선반 등 각양각색의 디자인을 선보인다. 카펫과 조명, 턴테이블도 조화롭게 배치하여 공간의 완성도를 높였다.
좌석마다 다른 분위기로 꾸며져 구경하는 재미는 물론 기호에 맞는 디자인을 찾아 사용해 보는 재미도 있다. 테라스에는 다양한 조각상과 함께 화사한 색의 카라반이 자리한다. 알전구와 가랜드로 장식되어 감성적인 캠핑의 기분을 낼 수 있다. 대표 메뉴는 드립 커피와 팬케이크며 다른 카페에서 보기 드문 '말렌카 허니 케이크'를 다룬다. 체코 여행을 가면 반드시 맛봐야 한다는 말렌카 허니 케이크는 꾸덕하면서 쫀득한 식감이 특징이다.

브리티시가든 스튜디오 britishgarden studio

ADD. 경기 양주시 칠봉산로228번길 29
TIME. 매일 10:00~21:00
SNS. @british_garden_studio

061.
MUKRI 459
YONGIN, **GYEONGGI**

묵리 459
mukri 459

파쇄석이 바스락거리는 정원 속 반듯한 세모 지붕을 씌운 단층 건물이 눈에 띈다. 자연의 색이 묻어난 들판 사이 묵직한 검은색으로 존재감을 드러내는 이곳은 <묵리 459>다. 실내 역시 테이블과 의자, 커피 바 모두 먹색을 띤다. 다소 단조롭다고 느낄 수 있으나 입구 왼편의 시그니처 공간 '환기의 순간'으로 가면 이유를 알 수 있다.
집 모양 그대로 자리 잡은 커다란 통창은 바로 앞 정원과 산의 모습을 보여준다. 저채도의 인테리어 덕에 사계절 달라지는 자연의 색을 더욱 선명하게 느낄 수 있다. 다른 관전 포인트는 곡선으로 이루어진 천장의 조형물과 의자다. 커피 바 부근은 직각 가구들로만 이뤄진 것에 반해 곡선으로 풀어진 공간이 대비되어 마음에 한결 편해진다. 의자에 앉아 가만히 보고 있으면 한 폭의 수묵화를 보고 있는 듯하다. 대표 메뉴는 이곳의 특징을 한 컵에 담았다. 먹이 퍼지는 모습을 표현한 크림 라테 '묵라테'와 기분 좋은 향과 맑은 수색을 즐길 수 있는 블렌딩 티가 그 메뉴다. 또한 지친 현대인들이 오래 머무르기 좋도록 다양한 브런치 메뉴도 선보인다.

묵리 459 mukri 459

ADD. 경기 용인시 처인구 이동읍 이원로 484
TIME. 매일 10:00~20:00
SNS. @mukri459_official

062.
BLACKSTREAMHOUSE
YANGPYEONG, GYEONGGI

흑유재
blackstreamhouse

양평의 <흑유재>는 흑천(黑川)이 남한강이 되기 전 마지막으로 지나는 곳에 자리하고 있다. 아버지가 지은 20년 된 한옥 건물을 미술 작가인 딸이 '법고창신(法古創新, 옛것을 본받아 새로운 것을 만들어 내는 것)'의 정신으로 꾸며 전통과 모던의 조화를 이룬 공간으로 재탄생했다.
흑과 백으로 표현된 두 개의 층은 사람과 공간의 어울림을 생각하여 각각의 의미를 지닌다. 흑색의 1층은 두 공간으로 나뉘는데, 흑천(黑川)에서 마음껏 헤엄치는 물고기처럼 자유롭게 노닐 수 있는 '유영 공간', 타인의 시선을 신경 쓰지 않고 편하게 휴식을 취할 수 있는 '무영공간'으로 나뉜다. 백색의 2층은 테라스와 루프탑을 갖추고 있으며, 1층과 대비되어 밝고 빛나는 물의 수면 위를 형상화한다. 주력 곁들임 메뉴는 설탕량을 줄이고 원재료를 듬뿍 첨가하여 짙은 풍미가 느껴지는 양갱으로 홍차, 밤, 쑥과 같은 기본 맛과 딸기, 블루베리, 귤 모양을 한 과일 양갱으로 나뉜다. 또 쿠키 반죽과 양갱을 배합하여 만든 쫀득한 식감의 쿠키 양갱과 조청을 사용한 수제 오란다도 만날 수 있다. 도심을 벗어난 곳에서 온전히 자연에 스며들어 물속을 자유로이 헤엄치는 물고기처럼 온전한 휴식의 시간을 보내보자.

흑유재 blackstreamhouse

ADD. 경기 양평군 개군면 신내길7번길 36
TIME. 매일 10:00~01:00
SNS. @blackstreamhouse

063.
DICEWORKS
YANGJU, **GYEONGGI**

다이스웍스
diceworks

양주시 삼숭로 도로 앞에는 오래된 섬유 공장을 재해석한 복합문화공간 <다이스웍스>가 있다. 낡은 공장의 모습은 살린 채 큼직한 영어 간판을 설치한 개성 있는 공간으로 사진이나 영상을 촬영하는 스튜디오 겸 카페로 쓰인다. 내부에는 보드게임과 장난감, 바이크 등 재미있는 요소를 놓아 가게 이름처럼 다양한 놀이를 할 수 있도록 연출했다. 또 추억의 게임기와 텔레비전으로 레트로한 감성을 더했다. 메뉴 역시 통통 튀는 매력을 가진다. 버터 베이스 우유 위 특제 레시피 크림이 올라간 '다이스 라테'와 초당옥수수를 활용한 '다이스 콘 라테', 견과류의 고소함을 살린 '다이스 피넛 크림 라테'가 대표 메뉴다. 그 외 핑거 푸드처럼 간편하게 먹기 좋은 작은 도넛과 쿠키도 준비되어 있다.

다이스웍스 diceworks

ADD. 경기 양주시 삼숭로108번길 101
TIME. 월 11:00~18:00, 화-일 11:30~20:00
SNS. @diceworks_

064.
RAW WOOD
YANGPYEONG, GYEONGGI

로우드
raw wood

산으로 둘러싸인 정원에 자리 한 유럽식 주택. 아이보리색 벽과 나무 문은 풍경과 자연스럽게 어울려 그림 같은 장면을 만든다. 양평의 <로우드>는 'Raw'와 'Wood'의 합성어로 손대지 않은 숲을 의미한다. 이름처럼 자연 친화적인 공간이며, 소음을 줄이고 숲의 소리에 귀 기울이도록 조성하였다.
공간은 메뉴를 주문하는 본관과 온실 공간 두 가지로 나뉜다. 특히 온실 공간이 인상적인데, 전체가 투명한 유리로 되어 있어 주변을 구경하기 편함은 물론이고 음악을 틀지 않아 자연의 소리에 더욱 집중할 수 있다. 창밖 풍경은 나무의 잎이 무성한 봄부터 가을, 또 눈 오는 겨울까지 다채로운 절경이 펼쳐진다. 메뉴는 정성스럽게 만든 수제 케이크를 주력으로 다루며 무화과, 쑥, 금실 딸기 등 계절 과일을 이용하여 제작한다. 녹음, 장미, 허브 가든 등 자연과 관련된 이름의 음료도 함께하기 좋다.

로우드 raw wood

ADD. 경기 양평군 강상면 강남로 1604
TIME. 매일 11:00~19:00
SNS. @raw.wood.space

Cozy place

065.
ANARKH
UIJEONGBU, **GYEONGGI**

아나키아
anarkh

호텔 안이 아닌 그 자체로 호텔만큼 세련된 카페가 생겼다는 소식을 듣고 아침부터 먼 길을 나섰다. 의정부까지 지하철과 버스를 타고 마지막 정류장에 내려 길을 찾던 중 원근감을 무시하는 거대한 건물이 눈에 띄었다. 백화점 혹은 예식장이 떠오를 정도로 압도적인 규모를 자랑하는 이곳은 카페 <아나키아>다. 지하 3층부터 지상 5층까지의 규모로 카페와 베이커리, 레스토랑, 주차장을 갖추고 있다. 입구로 들어가면 5성급 호텔 부럽지 않은 고급스러운 인테리어가 펼쳐진다. 백자처럼 새하얀 인테리어에 목련꽃으로 포인트를 주었고 시원하게 통창을 두어 푸른 자연을 편하게 감상할 수 있도록 하였다. 층마다 인테리어가 다르게 구성되어 있는데, 가장 기억에 남는 곳은 2층이다. 중앙에 있는 화분 앞으로 물이 흐르고, 길게 뻗은 물길을 따라가다 보면 그 끝에 피아노 무대가 나온다. 실제로 악기를 이용해 매주 공연을 진행하며, 콘서트장처럼 관람할 수 있도록 계단식 좌석도 갖추고 있다. 다양한 경험을 선사하는 공간인 만큼 빵과 커피도 다양하게 준비되어 있다.

아나키아 anarkh

ADD. 경기도 의정부시 잔돌길 22
TIME. 매일 9:30~22:30
SNS. @anarkh.official

강원, 대전, 전북, 제주

Chapter3 : **Slow , Relaxing**

066.
1938SLOW
GANGNEUNG, GANGWON

1938slow

용강동 좁은 골목 깊숙한 곳에 허름한 대문 하나가 자리를 지키고 있다. 동네 주민이 사는 집처럼 보여 잘못 찾아온 줄 알았는데, 마루에 커피를 마시고 있는 손님을 보니 제대로 찾아온 것 같다.
정겨운 시골집 같은 오래된 한옥 <1983slow>는 'slow life of wonder'의 줄임말로 느린 삶을 지향하는 카페다. 목제 가구로 채워진 레트로 감성의 내부와 앞마당이 보이는 툇마루, 대나무 숲이 있는 뒷마당으로 나뉘는데 어느 곳에서나 푸른 잎의 풍경을 보며 천천히 식사를 즐길 수 있다. 또 골목 끝에 위치한 만큼 도시의 소음과 멀리 조용하게 휴식하기 좋다.
대표 메뉴는 국내산 재료를 사용하여 건강하게 마실 수 있는 쑥, 팥, 커피 등 5가지 맛의 우유와 강원도 감자 위 속초 저염란 소스를 뿌려 완성한 명란 감자 바게트다. '오늘의 세트 메뉴'를 주문하면 명란 감자 바게트와 블랙커피가 함께 나와 가성비 좋게 맛볼 수 있다.

1938slow

ADD. 강원 강릉시 임영로141번길 4-6
TIME. 매일 11:30~19:00
SNS. @1938slow

067.
SOKURI,
GANGNEUNG, **GANGWON**

강냉이소쿠리
sokuri

강원도 주문진에는 관광객들이 많이 들리는 명소가 있다. 바로 2016년에 흥행한 드라마 『도깨비』의 촬영지 '방사제 해안'이다. 여행객들의 발길은 자연스레 그 앞에 있는 '도깨비시장'까지 이어지는데, 다양한 먹거리와 즐길 거리가 가득한 곳이다. 1,700평 규모의 오래된 오징어가미 공장을 시장으로 개조한 곳으로 카페, 술집, 전시장 등을 갖추고 있다.

그중 나무로 지어진 낮은 지붕의 오래된 건물은 할머니 집 같은 푸근한 분위기를 풍겨 눈길을 끈다. <강냉이소쿠리>는 강원도의 특산물인 찰옥수수로 만든 찰강냉이를 현대적으로 재해석하여 판매하는 카페다. 특제 레시피로 한알 한알 캐러멜라이즈드한 수제 달고나 강냉이가 대표적인데, 작은 소쿠리와 함께 포장되어 간식 겸 기념품으로 구매하기 좋다. 또 찰옥수수로 만든 젤라토 위 바삭한 강냉이가 올라간 '강냉이 아이스크림'과 옥수수차로 우려낸 샌드드립 형식의 '옥수수 커피'도 손꼽히는 간판 메뉴다. 야외 마루의 시골 밥상, 여러 종류의 소쿠리 등 정겨움 가득한 소품과 가게의 이야기가 담긴 그림책도 있어 아이들과 함께 방문하기도 좋다.

강냉이소쿠리 sokuri

ADD. 강원 강릉시 주문진읍 학교담길 32-8
TIME. 매일 11:00~19:00
SNS. @ooo_sokuri

Tasty coffee

068.
ASHDANGCHO
GANGNEUNG, **GANGWON**

애시당초
ashdangcho

주황색과 청록색이 섞인 어닝과 드르륵 소리가 나는 미닫이 출입문, 작은 화분들은 마치 오래된 슈퍼마켓을 연상시킨다. 애당초 이 동네에 자리 잡고 있었을 것 같은 심상치 않은 분위기의 이곳은 카페 <애시당초>다.
테이블과 의자, 커피 바 위 작은 간판은 옛 다방 같은 레트로한 무드를 뽐낸다. 또 80~90년대를 나타내는 LP와 포스터 등 다양한 소품은 분위기를 한층 살려준다. 대표 메뉴는 수제 캐러멜 우유 위 에스프레소와 버터크림이 올라간 '빠다밀키' 그리고 동백꽃 시럽이 들어간 '동백꽃 라테'다. 여름에 방문한다면 톡톡 튀는 탄산음료에 다양한 과일이 들어간 '동백꽃 라즈베리 에이드'도 추천한다. 초당옥수수와 순두부를 너무 많이 즐겨서 새로운 것을 찾고 있다면 초당동의 숨은 보석 같은 <애시당초> 카페에 주목해 보자.

애시당초 ashdangcho

ADD. 강원 강릉시 초당원길 63
TIME. 매일 11:00~20:00
SNS. @ashdangcho_official

069.
OF THE MOMENT
GANGNEUNG, **GANGWON**

오브 더 모먼트
of the moment

눈에 띄는 주황색 글자와 알록달록한 스툴 덕에 교동 거리에 활기를 불어넣어 주는 공간 <오브 더 모먼트>. 이곳은 카페이자 <보타닉 디스 베리데이>의 식물 숍으로 커피와 식물이 공존하는 곳이다. 내부는 루이스폴센 조명을 비롯하여 1960년대 생산된 가구 등 다양한 빈티지 제품으로 가득하고 차근차근 모아온 초록빛 식물들을 더해 인테리어를 완성했다. 포인트가 되는 비비드한 컬러의 화분은 버려진 플라스틱을 재활용하여 만든 업사이클 제품으로 공간의 개성을 더해준다.
주문할 때는 테이블에 놓인 종이에 원하는 음료를 체크한 후 카운터로 들고 가면 된다. 메뉴는 커피와 라테, 차 그리고 날마다 달라지는 디저트로 구성된다. 그 중 '에스프레소 목성'은 부드러운 크림이 올라간 플랫화이트로 잔을 돌리면 목성 모양이 나와 인상적이다.

오브 더 모먼트 of the moment

ADD. 강원 강릉시 임영로 189, 1층
TIME. 수-일 11:00~18:00, 월 11:00~17:00
(화 휴무)
SNS. @_ofthemoment

070.
OWOL COFFEE
GANGNEUNG, **GANGWON**

오월커피
owol coffee

한때 강릉 행정의 중심 역할을 하던 명주동은 시청 건물이 이전되고 잠시 빛을 잃어가다, 낡은 건물을 활용한 문화 공간이 들어서면서 생기를 되찾기 시작했다. 공연과 전시를 진행하는 예술마당을 필두로 식당, 카페, 와인 숍 등 다양한 가게가 들어섰다.
현재와 과거가 뒤섞인 거리 초입에 위치한 <오월커피>는 명주동을 대표하는 가게 중 하나다. 2층 높이의 적산가옥을 개조한 따뜻한 우드톤의 공간으로 입식 좌석은 물론 다다미방 같은 좌식 좌석도 갖추어 아늑한 감성을 더했다. 메뉴판에 별 모양으로 체크된 야심작은 '플랫화이트', '바닐라 라떼', '밀크티' 그리고 과일 맛의 상큼한 '에이드'다. 함께하기 좋은 '당근 케이크'와 '마들렌' 등 디저트도 준비되어 있다.

오월커피 owol coffee

ADD. 강원 강릉시 경강로2046번길 11-2
TIME. 매일 10:00~22:00 (목 휴무)
SNS. @owol_coffee

071.
WARPWARP
GANGNEUNG, **GANGWON**

워프워프
warpwarp

한옥 지붕과 무채색의 콘크리트 벽, 메탈 소재의 문. 입구부터 심상치 않은 <워프워프>는 구옥과 현대적 인테리어가 만나 독특한 감각을 뽐내는 카페다. 내부는 흰색 공간에 메탈 소재의 가구가 더해져 마치 우주선에 들어온 느낌을 준다. 여기에 광선검처럼 빛나는 형광 초록색으로 곳곳에 포인트를 주었다. 이러한 미래적인 분위기 덕에 '강릉의 스타워즈 카페'라 불리며 많은 주목을 받기도 했다.
한편 야외는 또 다른 느낌을 준다. 작은 집과 산으로 이뤄진 평화로운 풍경을 보며 새소리와 바람 소리를 배경음악 삼아 사색하기 좋다. 여러 분위기가 혼합된 공간인 만큼 디저트 역시 현대적으로 재해석한 특별한 양갱을 선보인다. 초당옥수수 베이스에 곶감을 넣은 곶감 양갱, 우유와 크림치즈를 넣은 부드러운 치즈 양갱, 진한 커피 향의 달콤한 토피넛 양갱 등 100% 국내산 적두를 사용한 건강한 맛의 양갱을 만날 수 있다.

워프워프 warpwarp

ADD. 강원 강릉시 죽헌길 154-8
TIME. 월-금 10:00~18:00, 토-일 10:00~18:30
(화 휴무)
SNS. @warpwarp.kr

072.
CAFE TOENMARU
GANGNEUNG, **GANGWON**

카페 툇마루
cafe toenmaru

강릉 하면 순두부, 초당옥수수 다음으로 유명한 게 '툇마루 커피'라고 할 정도로 강릉 맛집과 카페를 검색하면 늘 상단에 <카페 툇마루>가 뜬다. 얼마나 맛있기에 사람들이 이렇게 찾는지 궁금증을 참지 못하고 긴 줄의 끝에 섰다.
<카페 툇마루>는 원래 작은 가게에서 시작했다. 이웃들이 툇마루에 앉아 담화를 주고받는 모습이 정겨워 보여 가게 이름을 붙였다고 한다. 사장님이 평소 좋아했던 곡물에서 영감을 받아 에스프레소에 흑임자 크림을 넣었는데, 깊은 커피 맛과 고소함이 배가 되어 사람들의 입소문을 타기 시작했다. 현재는 넓은 테라스를 가진 2층 높이의 큰 건물로 이전하였다. 좌석은 훨씬 많아졌지만, 이러한 역사 때문인지 오히려 넓어진 공간만큼 찾는 사람들이 늘어났다. 한 시간 넘게 기다린 끝에 커피를 맛볼 수 있었다. 묵직한 커피의 맛과 담백한 크림이 조화를 이루고, 적당한 단맛과 흑임자 가루의 작은 알갱이들이 맛을 더욱 풍부하게 해주었다. 한입 먹는 순간 커피의 깊은 풍미에 기다림의 피로를 잊을 수 있었다. 다들 대표메뉴만 찾는 이유를 알 것 같았다. 곁들이기 좋은 디저트는 쑥인절미, 밤고구마, 감자 치즈 맛의 마들렌 3종과 흑임자, 현미 누룽지 쿠키 2종이 있다.

카페 툇마루 cafe toenmaru

ADD. 강원 강릉시 난설헌로 232
TIME. 매일 11:00~19:00 (화 휴무)
SNS. @cafe_toenmaru

073.
GLASSHAUS
GOSEONG, **GANGWON**

글라스하우스
glasshaus

바다를 누비는 서퍼들이 뜨거운 태양 아래에서 시원하게 파도를 타는 모습은 여름의 낭만에 젖게 한다. 이러한 서퍼들이 파도를 타고 헤쳐 나올 때 만들어지는 파도굴의 모습을 보고 부르는 말이 있는데, 마치 유리집 같다고 해서 '글라스하우스'라는 이름으로 불린다.
고성에 위치한 <글라스하우스>는 이러한 서핑 용어를 그대로 사용한 카페 겸 쇼룸이다. 미국 캘리포니아의 창고 같은 쇼핑 숍에서 영감을 받아 이국적이면서 자유분방한 분위기의 공간을 만들었다. 오더와 휴식이 가능한 카페 공간과 쇼룸으로 쓰이는 온실, 디자인 사무실, 마당으로 구성되며 여행지에서 수집한 다양한 소품과 직접 디자인한 브랜드 '서프.엣모스피어(Surf. Atmosphere)'의 제품을 구경할 수 있다. 또 바로 앞에는 천진 해변이 있어 서핑을 마치고 온 사람들도 종종 만날 수 있다. 실내와 마당에서 간편하게 먹기 좋은 음료와 디저트를 판매하며, 간혹 다른 브랜드의 팝업 행사도 진행하여 색다른 분위기를 연출한다.

글라스하우스 glasshaus

ADD. 강원 고성군 토성면 천진해변길 43
TIME. 매일 10:00~20:00
SNS. @glasshaus.official

074.
EASTSIDEVIBECLUB
GOSEONG, **GANGWON**

이스트사이드바이브클럽
eastsidevibeclub

고성의 동해대로를 달리다 보면 언덕 위 단단한 콘크리트 건물을 볼 수 있다. 높은 계단을 올라 건물 뒷마당으로 들어서면 <이스트사이드바이브클럽>의 본 모습이 나타난다. 야자수와 밀짚 파라솔, 이국적인 표지판은 산속이 아닌 해변에 있는 듯한 느낌을 준다. 태국의 휴양지를 떠올리게 하는 이곳은 놀랍게도 2019년 고성의 초대형 산불로 타 버린 폐허를 개조한 복합문화공간이다. 노출콘크리트 벽의 자연스러운 느낌을 살린 건물에 카페, 숍, 전시장으로 채워 즐길 거리를 만들었다. 1층 카운터에서 음료 및 음식을 주문하고 모든 곳에서 자유롭게 식사할 수 있다. 태국식 돼지고기볶음 덮밥 '카오 랏 무 쌉', 태국김치 쏨땀과 코코넛 쉬림프가 함께 나오는 '타이 치킨밀', 패티와 치즈가 두 장씩 들어간 '더블 치즈버거'가 대표 메뉴다. 모든 음식은 바나나잎 위에 플레이팅 되어 공간의 분위기와 더욱 잘 어우러진다. 음료는 태국 현지인이 만든 맛을 그대로 표현한 '타이티'를 비롯하여 다양한 종류의 커피와 맥주, 칵테일을 다룬다. 넓은 공간 속에 미니 당구장과 루프탑도 숨어 있으니 식사 후 구석구석 탐방해 보자.

이스트사이드바이브클럽 eastsidevibeclub

ADD. 강원 고성군 토성면 광포길 31
TIME. 월-금 11:00~18:30, 토-일 10:00~21:00
(수 휴무)
SNS. @east.sidevibeclub

Cozy place

EASTSIDE
NO SEA NO LIFE

ESVC X RTTC
CAMP MARKET
ESVC
Life is good

East
Side
Vibe
EASTSIDE
COCKTAIL

075.
DOMUN COFFEE
SOKCHO, **GANGWON**

도문 커피
domun coffee

메나리 한옥마을 인근 조용한 주택가에 위치한 <도문 커피>는 정성스레 쌓인 담장을 두른 한옥 카페다. 9월 말, 해 질 무렵 방문했는데 노을빛이 공간을 감싸고 작은 연못에는 윤슬이 아름답게 빛나고 있었다. 빛은 내부에도 스며들어 기둥과 서까래가 황금색 벼처럼 익고 있었다. 푸른 하늘도 좋지만, 따뜻한 색감이 고즈넉한 한옥의 정서를 더 잘 살리는 것 같아 노을 시간에 방문하는 것을 추천한다. 커피와 라테는 물론이고 공간과 어울리는 전통 음료 감주와 차 종류를 판매한다. 여기에 쌀 휘낭시에, 쌀 르뱅쿠키를 곁들이면 꽤나 잘 어울리는 다과 한 상이 될 것이다.

도문 커피 domun coffee

ADD. 강원 속초시 상도문1길 31
TIME. 매일 10:00~19:00
SNS. @domun_coffee

076.
BOSSANOVA COFFEE ROASTERS
SOKCHO, **GANGWON**

보사노바 커피로스터스 속초점
bossanova coffee roasters

속초 하면 꼭 가봐야 할 여행지 중 하나인 속초아이 대관람차. 국내에서 유일한 해변에 위치한 관람차로 바다와 어우러진 이색적인 광경을 선사한다. 속초 해수욕장 바로 앞의 <보사노바 커피로스터스>는 이러한 풍경을 한눈에 바라볼 수 있는 곳이다. 강릉 본점부터 시작하여 서울, 속초, 삼척에 지점을 둔 이곳은 '누구나 언제 어디서든 한 잔의 제대로 된 커피를 즐길 수 있도록 하자'는 모토로 만들어졌다. 커피 전문가들이 원두 선정부터 로스팅까지 직접 하여 스페셜티 커피의 다양한 맛과 향을 즐길 수 있다. 속초점은 1층부터 4층 루프탑까지 운영하는 대규모 공간으로 당일 생산한 베이커리와 직접 만든 음료를 다룬다. 커피에 자부심이 있는 곳인 만큼 핸드드립 커피와 아메리카노, 카페라테가 대표 메뉴다. 따뜻한 커피를 주문하고 시원한 바람이 부는 루프탑으로 가보자. 느리게 흘러가는 파도와 관람차, 깊은 풍미의 커피는 어느새 속초 여행을 완성시켜 줄 것이다.

보사노바 커피로스터스 속초점 bossanova coffee roasters

ADD. 강원 속초시 해오름로 161
TIME. 매일 8:00~22:00
SNS. @bossanova_coffee_roasters

077.
YAT
SOKCHO, **GANGWON**

와이에이티
yat

속초 설악산로 초입에 위치한 <와이에이티>는 'You are thirsty'의 약자로 산에 오르는 이들의 목마름을 달래기 위해 만들어졌다. 흰색 벽에 목재 가구와 나무 벽을 설치하여 유리 밖으로 보이는 자연과 편하게 어울리게 하였다. 거기에 『매거진B』 잡지와 인테리어 서적, LP판 등 감각적인 소품도 잊지 않았다. 잔디가 깔린 마당 건너에는 울창한 나무들 사이 야외테이블이 마련되어 있다. 커피를 포장해서 나가면 잠시 소풍을 떠난 듯한 여유를 느낄 수 있다. 주력 메뉴는 아메리카노와 크림커피 그리고 치즈케이크다. 흔히 보는 치즈케이크와 다르게 크기가 손바닥만 하게 작은데 군고구마처럼 쫀득한 표면과 부드러운 속이 황금비율을 이루어 맛있게 먹을 수 있다. 주변에 높은 건물이 없기 때문에 짙은 단층 건물과 하늘이 멋지게 어울려 노을 질 때 방문하면 낭만적인 외관 사진을 찍을 수 있다.

와이에이티 yat

ADD. 강원 속초시 설악산로 470-4
TIME. 매일 10:00~18:00
SNS. @youarethirsty

078.
CAFE GID
SOKCHO, **GANGWON**

카페 깉
cafe gid

한 마리의 학처럼 고고한 건축미를 자랑하는 <깉>은 등장하자마자 사람들의 시선을 사로잡았다. 수공간, 잔디밭, 주차장 등 1,200평의 규모를 자랑하는 이곳은 2022년 여름 속초 노학동에 문을 열었다. 용인시의 <묵리 459>, 고양시의 <디스케이프> 카페를 디자인한 인테리어 회사 '디노바(DENOVA)'의 작품인 만큼 웅장한 건축미가 느껴지는 곳이다.

'깉'은 새의 날개를 뜻하는 '깃'에서 이름을 따왔는데 잔디밭에서 건물을 올려다볼 때 곡선과 직선이 만나는 지점에서 날개의 형태를 관찰할 수 있다. 다른 한 곳에는 새처럼 높이 오를 수 있도록 나선형 계단도 설치되어 있다. 시선을 먼 곳으로 보내면 건물보다 더 아름다운 울산바위가 기다리고 있다. 통창으로 이뤄진 내부, 시원한 테라스 어디서나 커피와 함께 탁 트인 절경을 감상할 수 있다.

카페 깉 cafe gid

ADD. 강원도 속초시 원암학사평길 60
TIME. 매일 11:00~18:00
SNS. @sokcho.gid

079.
TACIT
GOSEONG, **GANGWON**

태시트
tacit

청간정 해수욕장에서 도보로 2분이면 닿는 <태시트>는 직선의 편안함을 느낄 수 있는 카페다. 모래 위에 무심하게 세워진 옅은 회색의 벽과 건물은 자로 잰 듯 반듯한 형태다. 카페 전면에 큰 창이 나 있어서 매장에 앉아 밖을 보면 벽 사이로 아련하게 바다가 보인다. 틈새로 바다를 들여다보면 묘하게 파도에 더욱 집중하게 된다. 이러한 이색적인 풍경이 태시트를 다시 찾게 하는 매력이다.
실내 외 테라스에도 좌석이 있으며 반려동물 동반이 가능하여 바다를 산책하다 들리기도 좋다. 블렌딩 우유가 들어간 달콤한 '태시트라떼'가 대표 메뉴이며 간편하게 먹기 좋은 휘낭시에를 함께 판매한다.

태시트 tacit

ADD. 강원 고성군 토성면 청간정길 25-2
TIME. 매일 10:00~18:00
SNS. @official.tacit

080.
HADOMUN SOKCHO
SOKCHO, GANGWON

하도문 속초
hadomun sokcho

설악산 초입 조용한 길목에 위치한 <하도문 속초>는 30년 넘은 거대한 목련 나무를 품고 있다. '눈이 푹푹 쌓이는 밤'이라는 백석 시인의 시처럼 이곳의 시작을 알렸던 겨울도 그러한 풍경이었다고 한다. 눈이 쌓인 가지만 있던 목련 나무는 봄에는 풍성한 목련을 피워내고 여름에는 초록의 잎을 남겨 공간에 계절을 스며들게 한다. 자연의 신비로운 변화를 지키기 위해 중정을 만들고 카페와 스테이에서 감상할 수 있도록 하였다. 중정을 두르고 있는 나무 길을 따라 카페 입구로 들어가면 갤러리처럼 깔끔한 공간이 나온다. 가구부터 소품까지 저채도로 톤을 맞추어 세련된 느낌을 준다. 디저트 역시 열을 맞추어 정갈하게 진열되어 있으며 종류로는 바움쿠헨, 크레이프 케이크 등이 있다. 음료는 커피와 티는 물론이고 대표 메뉴인 해남 초당옥수수와 고흥 유자를 사용한 '콘유즈 크림'도 있다. 해가 질 무렵인 6시에 카페 문을 닫기 때문에 저녁때의 중정을 감상하고 싶다면 2층 스테이에 머물러 천혜의 아름다움을 느껴 보는 것을 추천한다.

하도문 속초 hadomun sokcho

ADD. 강원 속초시 하도문길 50
TIME. 매일 11:00~18:00 (화 휴무)
SNS. @hadomun_sokcho

081.
7DRIVEIN
YANGYANG, **GANGWON**

7드라이브인
7drivein

고성에서 부산까지 동해안을 연결하는 7번 국도에 눈에 띄는 노란색 간판과 컬러풀한 트럭으로 지나가던 차를 멈춰 세우는 존재감 강렬한 공간이 있다. 캘리포니아에 대한 동경을 담은 <7드라이브인>은 휴게소를 개조한 이국적인 감성의 복합문화공간이다. 7번 국도의 '7'과 '휴식을 취하다'라는 뜻의 'CHILL'의 중의적인 의미를 담아 이름을 붙였다. 1층에 카페와 서핑 숍, 스테이가 입점하였고 같은 라인에 편의점과 주유소도 만날 수 있다. 2층으로 올라가면 이곳의 메인 스테이지 루프탑이 나온다. 테니스 경기장, 수영장 콘셉트의 포토존이 마련되어 있으며 외관에서 보이던 노란색 간판을 배경으로 기념사진을 찍기도 좋다. 다양한 콘텐츠가 있는 이곳에서 'Chill out' 하며 커피와 티, 맥주까지 자유롭게 즐겨보자.

7드라이브인 7drivein

ADD. 강원 양양군 손양면 동해대로 1750, 104호
TIME. 매일 11:00~21:00 (화 휴무)
SNS. @7_drivein

082.
OAO
YANGYANG, **GANGWON**

오아오
oao

들어서자마자 보이는 하늘색 농구장과 형광 주황색 선으로 이뤄진 건물은 보기만 해도 시원해져 무더위를 씻겨준다. 외부 스피커를 통해 흘러나오는 트로피컬 하우스 음악은 청량한 느낌을 더욱 고조시킨다.
보기만 해도 활기넘치는 <오아오>는 곳곳에 재미있는 아이디어가 숨어있는 카페다. 매장을 들어서면 중앙에 원형 커피 바가 있는데, 모든 인테리어는 이 커피 바를 중심으로 원을 그리고 있다. 바닥에는 공간을 구분 짓는 'Drip Space Section.A'와 같은 글자가 적혀있고 계단식 좌석이 대칭을 이루고 있어서 마치 어른들의 놀이터 같은 창의적인 구성을 보여준다.
개성 강한 공간처럼 특별한 레시피로 만들어진 메뉴를 판매한다. 고메버터, 생크림, 꿀이 들어간 라테 '스무스라잌버터'와 애플망고를 넣어 만든 슬러시 '망고 많은 망고 중에' 등 센스있는 이름의 음료를 만날 수 있다. 감각적인 디자인이 더해진 굿즈와 직접 로스팅한 원두도 판매 중이니, 집에서도 <오아오>의 기분을 느껴보자.

오아오 oao

ADD. 강원 양양군 강현면 장산5길 71-5
TIME. 월-금 11:00~17:00, 토-일 11:00~18:00
(화,수 휴무)
SNS. @unofficial.oao

083.
KOHGARAGE
YANGYANG, **GANGWON**

코게러지
kohgarage

'파도를 타고 온 서퍼들이 허기를 달래기 위해 들리는 곳' <코게러지>의 첫인상이다. '게러지(garage)'라는 이름의 뜻처럼 차고를 연상시키는 거대한 공간에 멋스러운 주황색 빈티지 자동차가 입구에 자리하고 있다. 그 옆 서프보드와 서핑용품, 티셔츠, 담요 등 다양한 제품이 진열된 서프 숍이 있어 구경거리를 더한다. 맞은편에는 좌석이 마련되어 자유롭게 앉아 식사를 즐길 수 있다. 커피와 주스, 아메리칸 다이너 스타일의 음식을 제공하며 샐러드부터 파스타, 스테이크까지 만나볼 수 있다. 스테이를 겸하고 있어 근처 서피비치를 방문하는 여행객이 들리기도 좋다.

코게러지 kohgarage

ADD. 강원 양양군 현북면 동해대로 1269-7
TIME. 매일 10:00~18:30 (수 휴무)
SNS. @kohgarage_official

084.
P.E.I COFFEE
YANGYANG, **GANGWON**

P.E.I coffee

소설 『빨강머리 앤』의 원작자 '루시 모드 몽고메리'가 태어난 캐나다의 섬 '프린스 에드워드 아일랜드(Prince Edward Island)'를 모티브로 만든 갤러리 카페다. 1층과 2층, 루프탑으로 구성되며 층마다 각각의 콘셉트를 가지고 있다. 1층은 '웅장함'을 테마로 입장하자마자 8m 벽면을 가득 메운 에스프레소 잔을 만날 수 있다. 높은 층고 덕에 개방감을 느낄 수 있으며 단체석을 갖추어 단체 손님이 머무르기도 좋다. 2층은 계단식 좌석으로 구성되어 극장에서 풍경을 관람하는 느낌을 준다. 또 해안가 절벽의 해식 동굴을 표현한 공간과 루시 모드 몽고메리의 그림이 담긴 벽화도 만날 수 있다. 마지막 루프탑은 장애물 하나 없이 탁 트여 있어 바다와 설악산 뷰를 한 번에 볼 수 있다. 건물 곳곳에 빨간 머리 앤의 책, 그림, 캐릭터를 상징하는 소품이 있어 소설의 이야기를 떠올릴 수 있다. 낭만적인 바다를 바라보며 즐길 수 있는 커피, 에이드 등 음료와 6종의 도넛도 준비되어 있다.

P.E.I coffee

ADD. 강원 양양군 강현면 동해대로 3539
TIME. 매일 10:00~20:00
SNS. @p.e.i_coffee

085.
GUERIDON SERVICE
DUNSAN, DAEJEON

게리동 서비스
gueridon service

시끌벅적한 음식점으로 가득한 둔산동 먹자골목 끝에 상반되는 분위기의 카페가 있다. 콘크리트 건물 사이 원목 외관으로 눈길을 끄는 <게리동 서비스>는 섬세한 인테리어와 달콤한 디저트로 따뜻한 감성을 전한다. 입구로 들어가면 천장부터 바닥까지 온통 나무로 가득한 내부가 나온다. 마치 나무 속에 들어온 것 같은 안락한 공간에 커피 바와 테이블, 스피커가 적절하게 배치되어 있다. 커피를 주문하고 흘러나오는 음악에 집중할 때 즈음, 직원이 직접 LP판을 갈아 끼운다. 손이 더 많이 가는 일이지만 아날로그 방식이 카페의 주된 요소인 만큼 턴테이블로 음악을 재생하는 듯하다.
천장이 높은 1층과 다르게 2층은 낮은 천장으로 다락방 같은 느낌을 준다. 조명 역시 최소화하여 낮은 조도에서 차분한 시간을 보낼 수 있다. 정교한 식당 서비스를 뜻하는 '게리동 서비스(Gueridon Service)'의 이름처럼 공간도 개개인의 취향을 배려하듯 세심하게 만들었다. 대표 메뉴는 피넛 크림이 올라간 고소한 '커널 라테'로 아이스크림을 추가하여 당도를 조절할 수 있다. 디저트는 크루아상 사이 카망베르 치즈와 무화과 스프레드를 넣은 '카망베르 크루아상'이 인기다.

게리동 서비스 gueridon service

ADD. 대전 서구 갈마역로 10
TIME. 매일 12:00~23:00
SNS. @gueridonservice_kr

Cozy place

Tasty coffee

086.
RECEPTION
DUNSAN, **DAEJEON**

리셉션
reception

편안한 분위기와 맛있는 커피로 유명한 대전 대흥동의 <사무실 카페>에서 두 번째 공간을 냈다. 둔산동 건물 3층에 위치한 <리셉션>은 커피부터 디저트, 요리까지 다루는 브런치 카페다.
헤링본 바닥과 여러 형태의 조명, 색색의 가구가 조화를 이룬 인테리어에 예술 작품을 더해 감각적인 공간을 만들었다. 트렌디한 카페에 빠지지 않는다는 커다란 스피커도 무심하게 놓여있다. 연말에는 크리스마스 분위기로 변신하는데, 트리를 천장에 거꾸로 매달아 이색적인 장면을 연출한다. 다양한 볼거리 덕에 카페와 함께 전시관의 역할도 겸한다. 크루아상 샌드위치가 맛있기로 유명한데 하몽, 루꼴라, 후추와 올리브유 그리고 쌀 젤라토가 들어가 특별한 맛을 낸다. 그 외 잠봉뵈르와 토스트도 인기며 사무실 카페 팀의 시그니처인 '사무실 커피'도 맛볼 수 있다.

리셉션 reception

ADD. 대전 서구 둔산로51번길 16, 3층
TIME. 매일 12:00~22:00
SNS. @reception_coffee

087.
BAEKJUNGHWA
NOEUN, **DAEJEON**

백정화
baekjunghwa

주말에도 한적한 유성구의 사람의 발길이 거의 없는 조용한 골목에 '꽃'이라는 한 글자가 눈에 띄는 자그마한 가게를 발견했다. 가까이 가 보니 왼쪽 간판에 손 글씨로 〈백정화〉라고 쓰여있다. 하얀 꽃을 피우는 식물 백정화처럼 공간은 온통 하얀 벽이고, 불규칙하게 놓인 원목 가구와 알록달록한 식물들이 잔잔하게 색을 채우고 있었다.
꽃집과 카페를 겸하는 이곳은 3~4개의 좌석으로 단출하게 운영된다. 손 커피부터 빙수까지 다양한 메뉴가 있는데 유독 차가운 디저트가 인기다. 쌉싸름한 말차 맛이 온전하게 느껴지는 '말차빙수', 마스카포네치즈 그릭 요거트 생크림 베이스에 라즈베리 퓌레가 얹혀 당도와 산미의 조합을 느낄 수 있는 '아이스 당쥬', 쫄깃한 곶감 속 아이스크림을 더한 '아이스 곶감'은 한번 맛보면 추운 겨울에도 생각날 마성의 맛을 가진 디저트다. 메뉴를 주문하면 차분한 색의 도자기에 담겨 나오는데, 카페 바로 옆 도자기 쇼룸 '작은 도요'의 제품으로 식사 후 가볍게 둘러보기도 좋다.

백정화 baekjunghwa

ADD. 대전시 유성구 노은서로101
TIME. 매일 11:00~18:00 (일 휴무)
SNS. @baek_junghwa

088.
HHLOUNGE
DUNSAN, **DAEJEON**

에이치에이치라운지 둔산
hhlounge

"Sometimes calm, Sometimes lively" 때로는 차분하게, 때로는 활기차게. 카멜레온처럼 시시각각 변화하는 <에이치에이치라운지>는 미디어아트가 접목된 복합문화공간이다. 단정하게 정돈된 검은색 인테리어 사이 한 벽면을 가득 채운 스크린은 단연 시선을 집중시킨다. 빛과 색으로 표현된 파도와 우주, 노을과 새벽은 분위기를 순식간에 바꾼다.
<에이치에이치라운지>만의 특별한 메뉴는 이러한 장면에 더욱 이입할 수 있게 해준다. 카카오를 이용한 몽환적인 비주얼의 'SPACE(우주)', 카야를 넣은 달콤한 라테 'WOOD(나무)', 말차로 숲을 표현한 'FOREST(숲)'의 향과 맛으로 분위기에 더욱 몰입해보자. 그 외 커피와 디저트, 술과 요리를 다루며 주말에는 DJ를 초청하여 파티도 진행한다.

에이치에이치라운지 둔산 hhlounge

ADD. 대전 서구 대덕대로185번길 46, 104호
TIME. 매일 12:00~24:00
SNS. @hhlounge.official

089.
COFFEE INTERVIEW
YUSEONG, **DAEJEON**

커피인터뷰
coffee interview

유성구 궁동에 위치한 <커피인터뷰>는 사진가들 사이에서 '대전의 치앙마이'라 불리며 뜨거운 인기를 끄는 곳이다. 건물 전체를 둘러싼 울창한 나무숲과 우드 인테리어는 도심 속에서 보기 드문 이국적인 광경을 선사한다. 자연과 사람의 소통을 모토로 이야기를 만들어 가는 브랜드답게 자연적 요소를 활용하여 편안한 안식처를 만들었다. 넓은 부지에 음료를 주문할 수 있는 건물과 편하게 앉아 쉴 수 있는 여러 개의 동, 테라스로 나뉜다. 특히 인상적인 공간은 간판 옆 전면 유리로 이뤄진 건물이다. 원목으로 멋스럽게 꾸며진 내부에서 창을 통해 자연을 감상하고 있으면 어느새 숲속에 있는 느낌을 받을 수 있다. 나선형 계단을 타고 2층으로 올라가면 자연을 향해 뻗어 있는 야외 다리가 있는데, 숲을 향해 다가가면 새 소리와 바람 소리를 더 가까이 들을 수 있어 저절로 힐링이 된다. 그린 레이디, 우드맨, 부시맨 등 다양한 향미를 느낄 수 있는 블렌드 원두를 사용하여 커피를 내리며, 논커피로 상큼한 과일을 사용한 스무디와 에이드, 달콤한 라테가 있다.

커피인터뷰 coffee interview

ADD. 대전 유성구 한밭대로371번길 25-3
TIME. 매일 11:00~22:00
SNS. @coffee_interview

090.
FALL IN LEMIU
YUSEONG, **DAEJEON**

폴인레미유 대전점
fall in lemiu

구암동 한적한 주택가 골목에 하얀 대문과 푸른 정원으로 이목을 사로잡는 카페가 있다. 성수동에 이어 두 번째 지점으로 찾아온 <폴인레미유 대전점>은 코스메틱 브랜드 '레미유(lemiu)'에서 운영하는 곳이다. '빛을 담은 다양한 컬러감으로 그동안 경험하지 못했던 새로운 무드를 제안합니다.'라는 브랜드의 슬로건답게 공간별로 색다른 분위기를 느낄 수 있다. 파라솔이 있는 넓은 정원, 브랜드 쇼룸, 개방감 드는 2층 테라스, 시그니처 포토존 등 다채로운 볼거리가 있다. 여기에 시그니처 커피 'L.M.U 슈페너'를 비롯하여 다양한 종류의 음료와 디저트 그리고 뷰티 제품까지 한곳에서 만날 수 있다. 따스한 햇볕과 정원의 자연을 누리며 메이크업부터 이너뷰티까지 <폴인레미유>에서 모두 체험해 보자.

폴인레미유 대전점 fall in lemiu

ADD. 대전 유성구 유성대로668번길 99
TIME. 매일 11:00~21:00
SNS. @fallinlemiu_daejeon

091.
DUBHE CAFE
SOYANG, WANJU

두베 카페
dubhe cafe

종남산과 위봉산이 둘러싼 천혜의 자연경관 속 전통 한옥 20여 채가 자리 잡고 있는 '오성 한옥마을'은 실제 주민들의 거주 공간이자 완주에서 유명한 감성 여행지다. 마을 내에는 세월을 간직한 한옥 호텔 '소양고택'이 터를 지키고 있는데, 카페와 서점 등을 함께 운영하고 있어 다양한 예술적 경험을 제공한다. 그중 북두칠성의 첫 번째 별에서 이름을 따온 <두베 카페>는 식음료를 이용할 수 있는 공간이다. 연못의 징검다리를 건너 들어가면 사각 창에 풍경을 담아 전시한 넓은 공간이 나온다. 1층은 갤러리와 함께 운영되어 정숙한 분위기를 지향하고 2층은 아이들과 편하게 놀 수 있는 활기찬 공간이다. 테라스에는 수국이 있어 초여름에 방문하면 만개한 꽃과 사진을 남길 수도 있다. 달콤한 크림이 들어간 '크림 라테'와 유기농 아이스크림이 올라간 '아이스크림 라테'가 주력 메뉴며 당근, 치즈, 레드벨벳 등 여러 가지 맛의 케이크를 함께 판매한다. 카페 옆에는 완주 1호 독립서점인 '플리커 책방'이 있어 식사 후 책을 읽으러 들르기 좋다.

두베 카페 dubhe cafe

ADD. 전북 완주군 소양면 송광수만로 472-23
TIME. 매일 10:00~18:30
SNS. @dubhe_cafe

092.
AWON
SOYANG, **WANJU**

아원(我園)
awon

<아원(我園)>은 경남 진주의 250년 된 한옥을 완주군 소양면 종남산 자락 아래 오성마을로 이축한 한옥이다. 갤러리, 카페, 스테이가 한 곳에 있는 복합문화공간으로 웅장한 자연과 조화를 이루어 무릉도원 같은 편안함을 느낄 수 있다. 입장권을 구매하고 들어가면 가장 먼저 'AWON museum'이 나온다. 1년에 2~3회 현대미술 초대전을 열며, 전시 감상과 함께 한 쪽에 마련된 탁자에서 음료를 마실 수 있다. 밖으로 이어지는 좁은 계단을 올라가면 대나무숲 너머 단아한 한옥이 모습을 드러낸다. 광활한 자연이 사방을 두르고 있는 언덕에 만휴당, 안채, 사랑채, 별채가 자리하고 있다. 한옥 끝자락에는 물이 고여있어 멀리 보이는 산등성이를 그대로 비춘다. 그 모습이 아름다워 징검다리에서 많은 사람이 추억을 남긴다. 마당의 작은 상점으로 가면 커피와 오미자차를 판매한다. 이곳의 정서와 어울리는 오미자차를 추천하며, 음료와 함께 아름다운 풍광을 바라보며 정취를 느껴보길 바란다.

아원(我園) awon

ADD. 전라북도 완주군 소양면 송광수만로 516-7
TIME. 매일 11:00~17:00
SNS. @awon_hanok

Cozy place

093.
WHITE DAYDREAM
WANSAN, **JEONJU**

백일몽
white daydream

<백일몽>은 전주 객사 길의 하얀 벽돌 건물 2층에 조용하게 자리한 공간이다. 2인 좌석 5개 정도만 운영하는 소규모 형식으로 큰 소리를 지양하고 잔잔한 분위기를 추구한다. '대낮에 꾸는 꿈', '실현될 수 없는 헛된 공상'을 뜻하는 '백일몽(白日夢)'의 뜻처럼 백색으로 이뤄진 차분한 공간은 마치 꿈속처럼 느껴지게 한다.
가장 많이 찾는 메뉴는 가게 이름과 같은 치즈케이크다. 일반 케이크와 다르게 하얀 덩어리가 면사포에 싸여 매듭이 묶여 나온다. 매듭을 풀면 꾸덕한 치즈 크림이 나오는데 가장 아래에 쿠키가 깔려 있어서 같이 떠먹으면 하나의 케이크가 완성된다. 여름 한정 메뉴인 '여름의 맛'은 이곳의 여름 한정 메뉴다. 바닐라 아이스크림 위 올라간 커피 셔벗과 파란색 크림은 모래사장과 파도를 절로 떠오르게 한다. 맛도 모양도 시원한 해변을 떠올리게 하니 여름에 딱인 메뉴다. 그 외에도 계절마다 달라지는 한정 메뉴가 준비되어 있다.

백일몽 white daydream

ADD. 전북 전주시 완산구 전주객사3길 10, 2층
TIME. 매일 12:00~20:00 (화 휴무)
SNS. @white_daydream

094.
VILLAIN BREWING &
ESPRESSO BAR
WANSAN, **JEONJU**

빌런 브루잉 & 에스프레소 바
villain brewing & espresso bar

대부분 '전주'하면 한옥이 밀집된 한옥마을을 먼저 떠올릴 것이다. 커피보다는 전통 차, 케이크보다는 떡을 생각하지 않을까. 그러나 전주에서도 이탈리아 여행을 떠난 것처럼 근사한 에스프레소 바를 만날 수 있다.
중앙동 한 거리에 위치한 <빌런 브루잉 & 에스프레소 바>는 커피색처럼 짙은 우드 톤 인테리어에 빈티지한 무드를 더한 공간이다. 이름과 같이 브루잉 커피와 에스프레소를 전문으로 다루며 이탈리아의 로컬 카페처럼 입석 바가 곳곳에 배치되어 있다. 테이블 위 기둥에는 수많은 빌지가 꽂혀 있어 사람들이 얼마나 많이 다녀간 지 실감할 수 있다. 인기 메뉴는 에스프레소에 스팀 밀크와 초콜릿 슬라이스가 더해진 '카페 드 쇼콜라' 그리고 콜드브루에 라임 그라니타와 라임 버블이 더해진 '카페 그라니타'다. 특히 카페 그라니타는 어릴 적 문방구에서 먹었던 상큼한 슬러시에 어른의 씁쓸한 맛이 더해진 느낌이니 신선한 경험이 될 것이다. 에스프레소를 처음 접하는 사람들을 위해 다양한 맛을 즐길 수 있는 다섯 가지 코스 샘플러도 있으며 달콤함을 더해줄 크로플도 판매한다.

빌런 브루잉 & 에스프레소 바
villain brewing & espresso bar

ADD. 전북 전주시 완산구 전라감영로 44
TIME. 매일 12:00~21:30 (화 휴무)
SNS. @_cafe_villain

095.
H SANDWICH
SONGCHEON, **JEONJU**

에이치 샌드위치
h sandwich

송천동 주택가, 파로 가득한 정겨운 밭 풍경 속에 미국 서부의 주택 같은 건물이 숨어있다. 이른 아침부터 문을 열어 맛있는 음식을 내어주는 <에이치 샌드위치>는 잠봉과 같은 육가공품을 이용해 여러 가지 샌드위치를 만드는 전문점이다. 벽돌 바닥과 원목 가구의 컨트리풍 인테리어에 요리 도구와 음식 재료를 진열하여 맛있는 상상을 자극한다. 사워도우에 두 가지 치즈를 넣고 구운 그릴 샌드위치, 치아바타 속을 미트볼과 모차렐라 치즈로 채운 미트볼 샌드위치, 파스트라미와 사우어크라우트를 사용한 루벤 샌드위치 등 다양한 종류가 준비되어 있다. 단돈 삼천 원만 추가하면 메시 포테이토와 샐러드 같은 사이드 메뉴를 추가할 수 있고, 같은 가격에 커피와 주스도 판매한다. 방문 당시 주문했던 잠봉뵈르 샌드위치는 담백한 바게트 안 짭조름한 잠봉과 고소한 버터, 달콤한 꿀이 조화를 이루어 지금까지 생각날 정도로 맛있었다. 시골 할머니의 손맛을 그리워하는 것처럼 전주에 방문하면 또 찾게 될 것 같다.

에이치 샌드위치 h sandwich

ADD. 전북 전주시 덕진구 두간7길 16-6
TIME. 매일 8:00~17:30 (월 휴무)
SNS. @h_sandwichshop

Cozy place

Tasty coffee

096.
WAYMAKER
HOSEONG, **JEONJU**

웨이메이커 호성점
waymaker

하얀 건물 앞 시원하게 흐르는 물, 넓은 잔디밭과 이국적인 야자수로 휴양지에 있는 펜션을 연상시키는 이곳은 실제 교회에서 운영하는 카페다. 넓은 규모에 다양한 시설을 갖추고 있어 가족 단위의 손님들이 많이 방문한다. 카페 본관은 높은 층고와 넓은 창으로 이뤄져 개방감은 물론 확장감을 느낄 수 있으며 돌다리가 있는 연못과 각종 식물로 활기를 더했다. 반면 별관은 조용하고 아늑한 분위기로 바로 앞 분수대가 있는 정원을 감상하며 이야기를 나누기 좋다. 야외에는 산책로와 놀이터가 마련되어 남녀노소 누구나 만족스러운 시간을 보낼 수 있다. 곳곳에 물이 흘러 청량감을 주는 만큼 여름에 방문하면 더욱 진가를 발휘하며, 더운 날씨와 어울리는 빙수를 판매한다. 특히 '애플망고 빙수'는 저렴한 가격에 호텔 빙수 부럽지 않은 비주얼을 자랑하여 인기가 많다. 그 외 브런치로 먹기 좋은 샐러드와 샌드위치, 커피와 주스와 같은 음료도 준비되어 있다.

웨이메이커 호성점 waymaker

ADD. 전북 전주시 덕진구 고당1길 21-9
TIME. 매일 9:30~22:00 (일 휴무)
SNS. @waymaker_2nd

097.
PEACE OR PEACE
WANSAN, **JEONJU**

평화와 평화
PEACE OR PEACE

“문을 열면 평화가 시작됩니다.” 문 앞에 글귀가 잔뜩 붙어있다. 편안하게 비추는 자연광 속 단정하게 나열된 책상과 의자, 싱그럽게 빛나는 식물과 작은 소품들이 공간을 채운다. 낮은 목소리로 이야기를 나누는 사람들, 책을 읽거나 그림 그리는 사람들의 작은 소리는 음악과 함께 흘러간다. 문 앞에서 읽었던 글처럼 문을 열자마자 평화로움이 찾아오는 이곳은 <평화와 평화>다. 잔잔한 분위기에서 다양한 글귀로 새로운 영감과 발상을 제시한다. 예를 들면 ‘심으면 생각이 자라나는 펜’, ‘모두에게 안부를 묻는 컵’ 등 평범해 보이는 물건에 의미 있는 설명을 더 해 생기를 불어넣는다. 이 펜과 컵은 판매하는 굿즈인데 생명력 있는 이름을 붙여 구매 욕구를 자극한다. 디저트 이름 역시 재미있다. 라테 위 크림이 올라간 ‘우드 위 폼’, 캐러멜 소스와 스카치 크림이 더해진 ‘사하라 맨션’, ‘휘낭시에와 아이들’ 등 개성 있는 메뉴를 판매한다. 어쩌면 카페가 말하고 싶었던 건, 평화는 멀지 않은 곳에 있음을, 문 하나 넘으면 찾아오듯 생각만 살짝 달리하면 발견할 수 있다는 걸 전하고자 하는 게 아니었을까.

평화와 평화 peace or peace

ADD. 전라북도 전주시 완산구 전라감영4길 16-7, 3층
TIME. 매일 9:00~22:00
SNS. @peace.or.peace

Cozy place

♥ Letters
& Together
ㅋ Life
Like
() Love
ㅜ Bye
♥ Spring
ㅘ Jeonju
3 Chu
= We
? Me
ㅊ Birth
> Cute
♥ Summer
ㅎ Can

좋은 편지를 돕는
건실한 단어들
Choose good words
one by one
and eat them.

098.
HHTAN
WANSAN, **JEONJU**

현해탄
hhtan

가파른 계단 위 목재 감성으로 칠해진 <현해탄>은 차분한 분위기를 선호하는 이들이 많이 찾는다. '현해탄(玄海灘)'은 우리나라와 일본 규수 사이에 있는 해협으로 '임화' 시인의 시 제목이기도 하다. 판매하는 성냥에 한 구절이 적혀있어 시의 흔적을 찾을 수 있다. 빛이 풍부한 낮에도 좋지만, 가장 어울리는 색을 입는 시간은 따로 있다. 해 질 무렵 방문하면 낮은 조도 속 나무 창살 사이로 스며드는 빛이 조명 역할을 해 따스한 색으로 변한다. 낮과 밤 사이, 온도가 바뀌는 시간은 시와 같은 감성적인 책을 더욱 기억에 남게 한다. 글과 함께 머릿속에 남을 커피 몇 가지를 추천한다. 당도가 있는 깊은 맛의 라테 '현해탄 커피'와 크림이 들어간 라테 '임화'는 많은 테스트를 통해 이루어낸 산물로, 같은 시간 다시 계단을 오르게 할 것이다.

현해탄 hhtan

ADD. 전라북도 전주시 완산구 태평1길 32, 2층
TIME. 매일 12:00~21:00
SNS. @hhtan_coffee

099.
DARANGSHE
YONGDAM, **JEJU**

다랑쉬
darangshe

공항에서 멀지 않은 제주 시내에 숨어있는 <다랑쉬>는 제주다움이 잘 묻어나는 카페다. 제주의 옛 초가를 개조하여 전통적인 제주 가옥의 형태와 현대적인 감각을 동시에 느낄 수 있다. 덕분에 '2019 제주다운 건축상'을 수상하였다. 시멘트벽과 지붕 위의 나무 골조, 돌과 나무로 만들어진 가구는 자연스러운 느낌과 함께 아늑함을 전해준다. 한쪽에는 책들이 널브러져 있는데, 책장에 진열하지 않고 대충 가져다 놓은 듯한 형태가 오히려 편안함으로 다가온다. 이 책들은 자리에서 편하게 읽을 수 있다.

이러한 카페 공간 외에 작업 공간으로 사용되는 별관도 옆에 있다. 길고양이가 단골인 작업 공간에서는 이곳의 건축 과정을 확인할 수 있다. 다랑쉬의 역사가 궁금하다면 건물 곳곳을 탐방해 보도록 하자.

다랑쉬 darangshe

ADD. 제주 제주시 용문로21길 4
TIME. 매일 10:00~19:00 (화,수 휴무)
SNS. @darangshe_

Cozy place

100.
CAFE MOALBOAL
GUJWA, **JEJU**

카페 모알보알
cafe moalboal

'모알보알(Moalboal)'은 '거북이 알'이라는 필리핀 말로 세부 남서쪽에 있는 섬 이름이다. 많은 사람이 방문하는 휴양지로 바다에서 정어리 떼와 바다거북을 볼 수 있으며 세부의 대표 다이빙 명소이기도 하다. 제주도 동쪽 구좌읍에 있는 〈카페 모알보알〉은 이러한 휴양지의 분위기 고스란히 옮겨왔다. 다양한 패턴의 카펫과 빈백, 여러 크기의 식물과 라탄 제품을 이용하여 보헤미안, 모로칸 스타일로 꾸몄다. 여러 공간 중 가장 메인이 되는 곳은 시원하게 바다가 보이도록 문을 개방해 놓은 중앙 공간이다. 빈백에 앉아 음료를 마시고 있으면 바닷소리가 더 선명하게 들려 자연을 그대로 느낄 수 있다. 조금 더 조용하게 쉬고 싶다면 중앙 공간 양옆에 있는 방을 이용해 보자. 아늑함 속에서 통유리창 너머 풍경도 감상할 수 있다. 테라스에는 침대와 피아노, 욕조가 설치되어 있어서 바다 배경의 이색적인 사진을 남기기 좋다.

카페 모알보알 cafe moalboal

ADD. 제주 제주시 구좌읍 구좌해안로 141
TIME. 매일 10:00~20:00
SNS. @moalboal.jeju

101.
SLOWBOAT
AEWOL, **JEJU**

슬로보트
slowboat

제주 공항에서 차로 15분 정도 이동하면 애월 하귀 바닷가 앞의 〈슬로보트〉를 발견할 수 있다. 문을 열고 들어서면 원목 가구와 흑백 사진들이 차분하게 자리하고 있고 다양한 종류의 책이 곳곳에 꽂혀있다. 창가 자리에는 책 읽는 사람들이 앉아 있고 독서와 어울리는 잔잔한 음악이 스피커에서 흘러나온다.

2층으로 올라가면 슬로보트에서 가장 유명한 포토 스팟이 있다. 오각형 모양의 진한 녹색 벽과 바다가 보이는 직사각형 창이 그림 같은 장면을 만든다. 그 앞에 놓인 소파에서 많은 사람이 추억을 남기고 떠난다. 나 역시 2층의 풍경을 사진으로 남기기 위해 이곳을 방문했지만 실제로 1층이 더욱 인상 깊었다. 사진, 책 등의 다양한 소품으로 이곳의 콘셉트인 '사진가의 작업실'이 바로 떠올랐고 취향이 같은 방문객들이 함께 취미를 즐기는 것처럼 보였다.

추천 메뉴는 핸드드립이다. 맛도 맛이지만 메뉴를 주문하면 바리스타가 커피 내리는 모습을 바로 앞에서 볼 수 있는데 커피 바 뒤로 햇빛이 들어와서 물을 따르는 순간이 더욱 반짝인다. 커피 외에는 티와 와인, 구움 과자 등이 준비되어 있다.

슬로보트 slowboat

ADD. 제주특별자치도 제주시 애월읍 하귀2길 46-16
TIME. 매일 10:00~19:00
SNS. @slowboat_atelier

102.
ODDSING
ODEUNG, **JEJU**

오드씽
oddsing

제주도 여행의 마지막 날, 서울로 돌아가기 전 떠나기 아쉬운 마음에 들린 곳은 제주 국제공항에서 택시를 타고 17분 정도 이동하면 나오는 <오드씽(odd sing)>이다. '오등동'의 옛 명칭에서 따온 이름으로 멋스러운 인생을 즐기는 사람들이 모이는 장소가 되기를 바라며 만든 공간이다.
입구부터 드넓은 잔디밭과 푸른 수영장이 반겨주고 중앙에 있는 집 모양의 거대한 건물 내부에는 여러 식물이 자라고 있어 마치 식물원을 연상케 한다. 커다란 통창으로 보이는 초록의 풍경은 3층 높이의 전 좌석에서 감상할 수 있다. 음료 한 잔을 주문하면 이 넓은 공간을 모두 이용할 수 있는데, 실내 공간은 물론이고 선베드가 있는 수영장, 반려동물과 함께 뛰어놀기 좋은 잔디밭까지 마음껏 이용할 수 있다. 덕분에 연인, 친구, 가족 등 공간을 자유롭게 즐기고 있는 피서객들을 곳곳에서 만나 볼 수 있다. 카페 겸 다이닝 라운지로 운영되고 있어서 커피, 에이드 등의 음료와 맥주, 칵테일 등의 주류 그리고 플레이트, 피자 같은 음식이 준비되어 있다. 다양한 콘셉트의 공간을 낮과 밤 언제든 즐길 수 있으니 비행기 시간이 여유롭다면 잠시 방문해 보는 것도 추천한다.

오드씽 oddsing

ADD. 제주 제주시 고다시길 25
TIME. 매일 10:00~24:00
SNS. @oddsing_jeju

103.
ORRRN
SEONGSAN, **JEJU**

오른
orrrn

새별오름, 금오름, 다랑쉬오름 등 제주도에는 다양한 오름이 존재한다. 사람들은 아름다운 제주의 자연을 감상하기 위해 다양한 오름에 적극적으로 오른다. 이처럼 적극적으로 자연을 바라보고 교감하는 이야기를 담아내고자 <오른(orrrn)>이 탄생했다.
성산일출봉 근처에 있는 이곳은 바다에 잠겼던 땅이 솟아오른 모습을 형상화하였다. 공간에 들어가면 자연을 표현한 부분이 더 여실히 보인다. 830장을 겹겹이 쌓아 만든 유리, 주상절리를 모티프로 디자인한 바 테이블, 전시된 돌 등 자연을 담아낸 요소가 곳곳에 있다. 이러한 공간에 오래 머물고 싶도록 다채로운 디저트가 준비되어 있다. 고소한 우도 땅콩 크림 위 수제 미니 크루아상이 올라간 '오른 라테'가 대표 메뉴며 다양한 종류의 커피와 차도 갖추고 있다. 또 파이, 케이크, 크러핀 등 달콤함을 더해줄 곁들임 메뉴도 만날 수 있다.

오른 orrrn

ADD. 제주 서귀포시 성산읍 해맞이해안로 2714
TIME. 매일 10:30~20:00
SNS. @orrrn_official

104.
JAS DE BOUFFAN
JOCHEON, **JEJU**

자드부팡
jas de bouffan

동백 동산의 좁은 숲길을 따라 들어가면 두 채의 집이 보인다. 싱그러운 주황빛 귤밭에 둘러싸여 있는 <자드부팡>은 동화 속에 나올 법한 모습의 카페다. 두 건물과 따뜻한 색의 벽, 붉은 지붕은 프랑스 화가인 폴 세잔(Paul Cezanne)의 '자 드 부팡'의 그림을 닮았다. 높은 층고에 풀밭이 보이는 아치형 창문, 원목 가구와 파스텔 톤 소품은 빈티지 유럽 감성이 가득하다.
주력 디저트는 직접 구운 브리오슈 번 안에 크림을 가득 넣은 이탈리아식 크림빵 '마리토쪼'다. 샤인머스캣, 무화과, 망고 등 계절에 어울리는 과일로 속을 채워 메뉴를 준비한다. 그 외 브리오슈, 바스크 치즈 케이크도 만날 수 있다. 대부분의 카페와 동일하게 커피와 티를 판매하는데, 특색있는 메뉴가 있다면 지역의 특산물을 살린 '감귤주스'다. 제주 감귤을 직접 착즙하여 만들어서 신선한 귤 향기가 그대로 느껴진다. 한편 바로 앞 감귤 농장에서는 귤 따기 체험도 가능하여 특별한 추억도 만들 수 있다.

자드부팡 jas de bouffan

ADD. 제주 제주시 조천읍 북흘로 385-216
TIME. 매일 11:00~17:00 (수,목 휴무)
SNS. @jas_de_bouffan

105.
CAFE CHEESETABBY
GUJWA, **JEJU**

카페 치즈태비
cafe cheesetabby

〈카페 치즈태비〉는 2022년 5월에 평택 서정리에서 제주도 코난 비치로 이사한 공간이다. 교회였던 것으로 예상되는 오래된 건물을 카페로 만들었는데 신선한 조합 때문인지 생기자마자 많은 이들의 관심을 집중시켰다. 십자가가 있는 낡은 건물과 흰색 작은 집, 그 앞에 펼쳐진 이국적인 식물들과 하얀 모래는 사막에서 발견한 오아시스처럼 신비로웠다.
인테리어는 대부분 빈티지 북유럽 가구를 사용하여 공간의 완성도를 높이며 건물의 이미지와 근사하게 어울리도록 구성하였다. 대표 메뉴는 알록달록한 '젤리 소다'로 공간의 차분한 분위기와 상반되어 더욱 특별한 느낌을 준다. 맛은 친근한 '자두 맛 캔디'를 젤리로 만들어 탄산수에 넣은 느낌이다. 함께 먹었던 카야 토스트는 부드러운 수란이 같이 나오는데 달콤한 잼과 담백한 수란의 조화가 제법 잘 어울린다. 그 외에 감기에 좋다고 소문난 유럽 전통차인 엘더플라워 허브차와 아메리카노 같은 커피도 판매한다.

카페 치즈태비 cafe cheesetabby

ADD. 제주 제주시 구좌읍 행원로7길 18-9
TIME. 매일 10:00~18:00 (수 휴무)
SNS. @cafe_cheesetabby

Cozy place

Tasty coffee

106.
COFFEENAP ROASTERS
AEWOL, **JEJU**

커피냅로스터스 제주
coffeenap roasters

서울 연남동 끝자락에서 커피 맛집으로 익히 소문난 <커피냅로스터스>가 제주도에도 문을 열었다. 평택 본점에 이어 세 번째 공간이다. 제주점은 '시간의 공생, 보존의 지혜'를 주제로 오랜 시간을 들여 만들어진 것들을 그대로 지키려 노력했다. 그래서 목구조와 돌벽, 낮은 지붕 등 옛집의 형태와 구조를 가능한 살리면서 철재 구조물을 더하여 세련된 느낌도 놓치지 않았다. 공간은 커피바가 있는 본채, 중앙의 넓은 마당 그리고 별채로 나뉜다. 마당에는 직사각형의 철제 조형물이 있는데 하늘을 비추는 모습이 작은 연못을 연상시켜 공간에 생기를 준다.
디저트 메뉴를 최소화하며 커피 메뉴에 집중하였다. 바리스타의 역량이 그대로 표현되는 필터 커피를 비롯하여 다양한 종류의 에스프레소, 논커피 네 가지를 선보인다.

커피냅로스터스 제주 coffeenap roasters

ADD. 제주 제주시 애월읍 하귀2길 45
TIME. 매일 10:00~18:00
SNS. @coffeenap_roasters

107.
ELPASWO
SEOGWIPO, **JEJU**

엘파소
elpaso

제주도의 봄은 육지보다 빠르다. 3월이 되기도 전에 산방산에는 노란 유채꽃이 밭을 이룬다. 덕분에 제주는 가장 먼저 봄을 찾는 사람들이 꼭 가야 할 명소가 되었다. 산방산 인근 화사한 봄의 색을 닮은 곳이 있는데, 개성 있는 공간을 자랑하는 <엘파소>다. 상큼한 노란색 건물과 큰 야자수가 어우러진 휴양지 분위기의 카페로 봄뿐만 아니라 사계절 여행객들에게 큰 인기다. 또 산과 바다가 시원하게 보이는 풍경은 해 질 무렵까지 머물고 싶게 만든다. 대표 메뉴는 '오션 블루', '핑크 한라봉 에이드', '한라봉 블루 코코넛'과 같은 과일 향의 음료다. 자연 광경을 한 잔에 표현한 것처럼 아름다운 색을 띠고 있는 것이 특징이다. 매장 안에는 입구 앞 테라스와 실내 공간 외 '시크릿 가든'도 숨어 있으니 놓치지 말고 구석구석 탐방해 보자.

엘파소 elpaso

ADD. 제주 서귀포시 안덕면 화순로 191-43
TIME. 매일 10:00~20:00
SNS. @elpasojeju

108.
DEERLODGE
SEOGWIPO, **JEJU**

친봉산장
deerlodge

서귀포시 상효동에는 카우보이가 조용히 휴식하기 위해 숨겨놓은 별장이 있다. 투박한 통나무집을 멋스러운 산장으로 꾸며 놓은 <친봉산장>은 요리와 음료를 먹을 수 있는 카페다. 벽난로와 보헤미안 스타일의 패브릭, 나무로 이뤄진 내부는 산속 깊숙한 곳에 있는 듯한 아늑함을 전해준다. 친봉산장은 처음에 구좌읍에서 시작했다. 오래된 마구간 건물을 산장 콘셉트의 카페로 탈바꿈하였는데, 독보적인 분위기로 방문객들의 호평이 이어졌다. 많은 관심 덕분인지 서귀포시로 확장 이전하여 현재의 공간이 탄생했다. 더 넓은 규모로 바뀌었지만 아늑함은 여전하다.

대표 메뉴는 비프스튜에 빠네빵을 곁들인 '가가멜 스튜'와 페페로니가 듬뿍 들어있는 씬 피자다. 커피와 논커피 외 맥주와 와인 같은 알코올음료도 다루고 있어 안주로 먹기 좋은 메뉴가 인기다. 그 외 위스키가 소량 첨가된 아이리시 커피와 'Angel, Me!'라는 재밌는 설명이 더해진 '에인절미 라떼'도 이곳만의 특별한 메뉴다.

친봉산장 deerlodge

ADD. 제주 서귀포시 하신상로 417
TIME. 월–목 11:00~21:00, 금–일 11:00~24:00
SNS. @jeju_deerlodge

대구, 부산, 경상

Chapter4 : **Pop , Unique**

Bonjour étranger
All Day Brunch
Street 12-32
2F 뉴띵크 헤어
CAFETERIA LILLE
ALL DAY BRUNCH & TASTY COFFEE
Cafeteria Lille

109.
DOT LIBRARY
SUSEONG, **DAEGU**

닷 라이브러리
dot library

수성못에서 조금 떨어진 도로 앞에 있는 <닷 라이브러리>는 작은 규모지만 커피와 책, 음악이 있는 복합 문화공간이다. 입간판이 없어 찾기 어려울 수 있는데, '둘리 빌딩' 간판이 있는 적벽돌 건물을 찾으면 입구에 가게를 알리는 스티커가 붙어있다. 2층으로 올라가 굳게 닫힌 문을 열면 회색 복도와 전혀 다른 세상이 열린다. 온통 민트색으로 칠해진 공간에 노란색 커튼과 빨간색 문으로 포인트를 주어 예술 작품처럼 색을 배치했다. 책장은 돌과 판자를 쌓아 건축물을 연상케 하고 음반은 옷 가게에 옷을 걸어놓은 듯 매달아 두었다. 햇볕이 좋은 창가에는 턴테이블이 있어 청음이 가능하다. 색부터 가구까지 뻔하지 않은 것들이 조화롭게 어우러져 창의적인 생각이 절로 떠오른다. 입장료를 지불하면 음료 한잔과 함께 책과 음반 모두 이용할 수 있으며, 추가로 간단한 식사 메뉴도 즐길 수 있다.

닷 라이브러리 dot library

ADD. 대구 수성구 용학로 4, 2층
TIME. 매일 12:00~19:00 (일 휴무)
SNS. @dot.library

110.
RULLY COFFEE
SUSEONG, **DAEGU**

룰리 커피
rully coffee

더 이상 운영하지 않는 기차역 근처, 청량한 가을 하늘과 어울리는 붉은 벽돌의 카페가 있다. 진한 녹색 바탕에 흰색 제비 모양 마크가 인상적인 이곳은 <룰리 커피> 본점이다. 기둥 하나 없는 넓은 공간에 아치형의 큰 창이 자리하고, 그 너머로 보이는 풍경이 깔끔하게 어울린다. 초록빛이 무성한 테라스에는 파라솔을 두어 휴식의 느낌을 더했다.
큰 로스팅 룸을 소유한 스페셜티 전문 카페답게 원두 종류가 다양하며 드립커피, 밀크커피, 아이스크림 커피 등 다양한 커피 메뉴를 선보인다. 특히 아이스크림 커피는 모든 테이블에 하나씩 있을 정도로 인기 있다. 진하고 부드러운 우유 맛 아이스크림과 쌉쌀한 에스프레소가 만나 카페인과 달콤함을 한 번에 충전할 수 있다.

룰리 커피 rully coffee

ADD. 대구 수성구 고모로 188
TIME. 매일 10:00~23:00
SNS. @rullycoffee

111.
SLOW BUT BETTER
SINPYEONG, **DAEGU**

슬로우벗베럴
slow but better

<슬로우벗베럴>은 '느림'이라는 태도로 바쁜 현실 속 무심코 지나쳤던 것들의 미학을 담아내고 세상을 음미하여 더 좋은 방향성을 찾고자 하는 마음을 담아 만들어졌다.
넓은 규모의 공간에서 특히 전시관을 연상케 하는 테라스가 유명하다. 테라스에는 거울 재질의 거대한 피라미드 모양 조형물이 여러 개 있고 테이블 중앙에는 작은 연못이 자리하여 어느 카페에서도 볼 수 없었던 새로운 경험을 할 수 있다. 거대한 조형물과 물은 하늘, 나무, 사람 등 여러 가지를 비추어 천천히 흘러가는 자연의 변화부터 바쁘게 움직이는 사람까지 다양한 시선으로 대상을 탐구할 수 있다. 그리고 이러한 행위는 <슬로우벗베럴>이 추구하는 삶의 방향이기도 하다. 메뉴 또한 느긋하게 머무르다 갈 수 있는 다양한 베이커리 라인과 커피, 논커피가 준비되어 있다.

슬로우벗베럴 slow but better

ADD. 대구 동구 신평로 113
TIME. 매일 10:30~22:00 (월 휴무)
SNS. @slow_but_better_official

112.
SIM PLACE BOOKSTORE
SINCHEON, **DAEGU**

심플 책방
sim place bookstore

동대구역 인근 신천동 골목에는 감성적인 식당과 카페가 모여있다. 골목 입구의 <심플 책방>은 독립서점 겸 카페로 고양이들이 살고 있어서 많은 사람의 발길을 끈다. '핫플레이스' 보다 '심(心) 플레이스'가 되고 싶다는 이곳은 'simple'과 '心 place'의 중의적 의미를 가졌다.
은은한 조명 속 아늑한 지하 공간에 발소리를 줄인 패브릭 바닥은 책 읽기 좋은 환경을 조성한다. 판매하는 책은 주로 인문, 에세이 장르이며 일러스트 작가의 포스터와 엽서도 취급한다. 또 곳곳에 카메라, 타자기, 음향기기 등 빈티지 소품들을 구경하는 재미도 쏠쏠하다. 여기에 고양이 '레라'와 '라임'이가 터줏대감으로 상주하고, 종종 임시 보호 중인 길고양이도 만날 수 있다. 두 번째로 방문했을 때는 세 마리 새끼 고양이를 임시 보호 중이었는데, 소문이 났는지 평일인데도 전보다 훨씬 많은 손님이 방문했다. 음료는 칵테일을 전문으로 다루며 논알콜 음료로 커피와 에이드도 준비되어 있다. 메뉴와 함께 나오는 뜨끈한 '짱돌'은 손을 데우는 용도로 섬세한 친절 덕분에 더욱 편안하게 머무를 수 있다.

심플 책방 sim place bookstore

ADD. 대구 동구 동부로34길 4, 지하 1층
TIME. 매일 12:00~21:00
SNS. @sim_place

113.
AMITA
JIMYO, DAEGU

아미타
amita

우아할 아(雅), 아름다울 미(美), 온당할 타(妥). '우아하고 아름다운 곳에 있는 것이 온당하다'는 뜻으로 이름처럼 아름다운 팔공산 자락에 있는 카페 <아미타>. 바람에 팔랑이는 노랜을 열고 대나무 숲길을 지나면 정갈한 정원을 품은 주택이 모습을 드러낸다. 천장과 뼈대가 나무로 이뤄진 공간에 도자기, 불상, 개다리소반 등 유니크한 오브제들이 동양적인 느낌을 더한다. 정원을 감상할 수 있는 창가석부터 다 인원이 이용할 수 있는 프라이빗 룸, 자연의 소리가 함께하는 야외 테이블까지 갖추어 취향에 맞는 공간을 누릴 수 있다. 음료와 브런치, 디저트를 다루며 계절마다 어울리는 메뉴를 선보인다. 여름에는 '몽블랑 밤 빙수'와 '벌집 빙수'가, 겨울에는 슈톨렌이 인기다.

아미타 amita

ADD. 대구 동구 팔공로 505
TIME. 화-금 11:00~21:00, 토-일 11:00~22:00
(월 휴무)
SNS. @amita_bakery_cafe

Cozy place

丈夫自有衝天氣

114.
UNDER THE TREE
SANGYEOK, **DAEGU**

언더더트리
under the tree

산격동 언덕길에 있는 <언더더트리>는 이름처럼 든든한 나무 한 그루가 입구를 지키고 있는 카페다.
세 개의 층으로 구성된 오래된 주택을 개조하고 계단과 테라스 등 곳곳에 화분과 꽃으로 장식하는 플랜테리어로 공간을 완성했다. 1층에서 주문을 하고 2층으로 올라가면 창밖의 풍경을 편하게 감상할 수 있다. 주변에 높은 건물이 없어서 하늘과 맞닿은 가로수가 시원하게 보인다. 잎이 무성한 여름에는 청량한 풍경을, 봄에는 분홍빛 벚꽃을 피워 계절마다 명소가 된다.

언더더트리 under the tree

ADD. 대구 북구 연암공원로10길 29
TIME. 매일 11:00~20:30 (월 휴무)
SNS. @cafe_under_the_tree

115.
ECC COFFEE
DAEAN, DAEGU

이씨씨 커피
ecc coffee

경상감영공원을 산책하다 잠시 앉아 쉬고 싶을 때, 공원을 조금 벗어나면 색다른 벤치를 만날 수 있다. 낡은 건물에 나무와 벤치로 입구를 조성하여 공원과 닮은 모습을 한 이곳은 산책자들을 위한 휴게소다. 입구 옆 창문을 통해 주문받는데, 드라이브 스루처럼 테이크아웃하기 용이하여 가볍게 들르기 좋다. 물론 오래 머무르고 싶은 사람들을 위한 공간도 마련되어 있다. 커피 바와 쇼룸 위주로 구성된 1층과 다르게 2층은 넓은 공간에 개성 있는 인테리어를 선보인다. 식물을 둘러싼 둥근 벤치를 중심으로 각각 다른 디자인의 가구를 두어 리듬감 있는 공간을 완성하였다. 또 계단을 한 번 더 오르면 시원하게 머리를 환기할 수 있는 루프탑도 만날 수 있다. 커피를 전문으로 하는 만큼 에스프레소부터 드립커피, 콜드브루까지 여러 방식으로 추출한 커피를 다룬다. 쌉쌀한 커피와 어울리는 달콤한 쿠키도 있으니 함께해 보자.

이씨씨 커피 ecc coffee

ADD. 대구 중구 종로 72
TIME. 월–금 8:00~21:00, 토–일 11:00~21:00
SNS. @ecc.coffee

116.
EE COFFEE
DAEBONG, **DAEGU**

이에 커피
ee coffee

‘김광석 다시 그리기 길’ 산책길 모퉁이에 오랜 세월이 느껴지는 건물이 있다. <이에 커피>는 건물의 빈티지한 느낌을 살려 1층에 자리 잡았다. 문을 열고 들어가면 마스코트 ‘보리’가 반갑게 맞이해 준다. 나무로 된 바닥과 손에 꼽힐 정도로 최소화된 가구 그리고 창밖으로 보이는 친숙한 거리의 풍경은 편안한 분위기를 자아낸다. 메뉴는 오직 아메리카노와 라테뿐이다. 단출한 메뉴지만 그만큼 커피에 집중한 것이 느껴진다. 맛있는 커피 한 잔과 함께 누구나 쉬어갈 수 있는 편안함과 따뜻함을 지닌 곳이다.

이에 커피 ee coffee

ADD. 대구 중구 달구벌대로446길 31, 1층
TIME. 매일 9:00~18:00 (수 휴무)
SNS. @eecoff_ee

117
JAMMYFINGER
YONGSU, DAEGU

째미핑거
jammyfinger

푸른 산을 배경으로 지어진 파스텔 톤의 2층 건물은 마치 동화 속에 나오는 집 같다. 간판 대신 손가락 로고를 한가운데 걸어둔 <째미핑거>는 주택을 개조한 카페다. 고소한 빵 냄새가 날 것 같은 버터 색 외관에 흰색 출입문과 발코니로 포인트를 주었다. 내부는 아이보리 색의 오더 테이블, 팬트리, 거실 장 등 포근한 분위기를 주는 가구로 채워져 있고 곳곳에 아기자기한 소품을 두어 공간을 풍성하게 만들었다. 덕분에 모든 곳이 포토존 역할을 톡톡히 한다.
<째미핑거>는 '잼이 가득 묻은 손가락'이라는 의미다. 의미에 걸맞게 달콤하고 앙증맞은 디저트가 가득하다. 바스크 치즈, 누텔라 초콜릿, 라즈베리 등 여러 종류의 케이크와 스콘, 크램블 같은 빵 그리고 달콤함을 가득 충전해 줄 밀크쉐이크까지 만나볼 수 있다. 하나둘 접시에 담아 먹다 보면, 어느새 카페 이름처럼 잼이 잔뜩 묻은 손을 만날 수 있다.

째미핑거 jammyfinger

ADD. 대구 동구 팔공산로 1165-7
TIME. 월-금 11:00~21:00, 토-일 11:00~22:00
(화 격주 휴무)
SNS. @jammyfinger.coffee

118.
CAFETERIA LILLE
DONGSEONGRO, **DAEGU**

카페테리아 릴
cafeteria lille

많은 가게가 밀집된 동성로에 여유로운 유럽 감성을 느낄 수 있는 카페가 있다. 〈카페테리아 릴〉은 빈티지한 간판과 라탄 가구 등 이국적인 요소가 가득한 덕분에 사진 찍는 사람들, 한가로이 커피 마시는 모습이 유럽 여행 속 한 장면처럼 특별하게 느껴진다.
가게 안에 통조림 캔, 과일, 꽃 등 다채로운 색의 오브제가 옹기종기 놓여있어 구경하는 재미도 쏠쏠하다. 3~4팀 정도만 앉을 수 있는 작은 공간이지만 뚜렷한 콘셉트를 가지고 단단하게 구성하여 오랫동안 많은 사람의 아지트가 되었다. 오랫동안 사랑받는 이유에는 맛있는 음식도 한몫한다. 플레이트부터 토스트, 샌드위치, 스튜까지 배부르게 먹을 수 있는 메뉴를 판매한다. 또 커피와 티, 맥주까지 제공하여 점심과 저녁 언제든 이용하기 좋다.

카페테리아 릴 cafeteria lille

ADD. 대구 중구 동성로2길 12-32, 1층
TIME. 매일 11:30~21:40 (수 휴무)
SNS. @cafeteria_lille

119.
KAI'S SANDWICHSHOP
BONGSAN, **DAEGU**

카이스 샌드위치샵
kai's sandwichshop

오래된 갤러리와 화방, 트렌디한 카페와 식당 등 볼거리 많은 봉산문화거리를 구경하다 보면 저절로 배가 고파온다. 이때 식사와 커피를 모두 해결할 수 있는 브런치 전문점 〈카이스 샌드위치샵〉으로 향해보자. 나무 문을 열고 들어가면 샌드위치의 본고장에 온 듯 영어로 직접 쓴 메뉴판, 선반에 진열된 해외 식재료 등 다양한 요소로 이국적인 감성을 살렸다. 가게 이름처럼 샌드위치가 주력이며 여러 나라의 식재료를 사용하여 요리한다. 파스트라미, 사우어크라우트, 러시안 소스를 호밀빵에 넣고 구워낸 '루벤 샌드위치', 닭 다리 살과 버섯, 아보카도가 들어간 '치킨팜 샌드위치', 프로슈토와 로메인, 카망베르 치즈에 달콤한 살구잼을 가미한 '크루아상 샌드위치'까지 다양한 종류를 만날 수 있다. 여기에 곁들이기 좋은 커피와 주스, 수프로 식사의 완성도를 높여보자. 잘 차려진 밥상 부럽지 않은 건강한 한 끼를 맛볼 수 있다.

카이스 샌드위치샵 kai's sandwichshop

ADD. 대구 중구 봉산문화길 49, 1층
TIME. 매일 8:00~18:00
SNS. @kais_sandwichshop

120.
FRANKPLANK
SINCHEON, **DAEGU**

프랭크프랭크
frankplank

동대구역 맞은편 골목에 언젠가부터 카페가 하나둘씩 생기기 시작하더니, 지금은 카페 거리라 불러도 무방할 정도로 다양한 가게들이 들어섰다. 많은 카페 중 입간판의 문구 하나로 발걸음을 돌린 곳이 있다. "Do Whatever you want(네 마음대로 해)" 결정하기 어려운 일이 있을 때 들으면 누구나 마음이 가지 않을까. 나 역시 홀린 듯 입구로 들어가 문을 열었다. <프랭크프랭크>는 주택을 개조하여 1층은 카페, 2층은 와인바로 운영된다. 콘크리트가 노출된 빈티지한 내부에 모던한 가구를 채워 인테리어 하였고, 민트색으로 포인트를 주어 개성 있는 공간을 연출했다. 곳곳에 보이는 웃는 표정의 캐릭터를 보고 있으면 어느새 함께 미소를 띠게 된다. 대표 메뉴는 버터크림 맛의 '프랭크 무스'와 아이스크림이 들어간 '프랭크 썸머'다. 이 편안하고 달콤한 시간이 어떤 문제든 쉽게 풀리리라는 작은 응원이 되어 줄 것이다.

프랭크프랭크 frankplank

ADD. 대구 동구 동부로32길 20-1
TIME. 매일 12:00~21:00
SNS. @frankplank_coffee

121.
P.34
SAMDEOK, **DAEGU**

P.34

“이른 저녁 나란히 앉은 소파에서 그가 졸고 있을 때 나는 그를 거기서 지워보곤 했다. 그러면 한없이 슬픈 마음이 들어서 나도 모르게 잠든 그의 얼굴을 쓸어내렸다.” 카페 소개말에 유진목 작가의 『디스옥타비아』 34p의 일부가 적혀있다. 차분한 슬픔과 사랑이 느껴지는 글에서 공간에 대한 궁금증이 생길 수밖에 없었다. 골목 어귀에 삐죽하니 나와 있는 붉은 벽돌집. 가정집들 사이 소담한 건물 . 카페로 안내하는 돌길 초입에 큰 창이 먼저 모습을 드러내고, 길을 따라 들어가면 작은 정원과 야외 테이블이 있다. 입구 옆 바 테이블을 제외하면 나머지 테이블은 간격을 넓혀 동선에 불편함을 덜었다. 조용한 공간을 지향하기에 음악도 없고 사람들의 목소리도 작은 편이다. 인기 메뉴는 필터 커피와 블랜딩한 우유로 만든 라테다. 특히 블렌딩한 라테에 캐러멜 솔티크림과 구운 오렌지 칩이 올라간 ‘캐러멜 솔티 크림 라테’는 가게에서 추천할 만큼 특별한 메뉴다. 그 외 컵케이크 형태의 부드러운 바나나 푸딩 ‘바푸’와 블루베리 크림 갈레트, 콘 타르트 등 커피와 함께하기 좋은 디저트도 판매한다. 해가 중턱으로 가기 전, 바 테이블에 앉으면 따뜻하게 들어온 햇살이 유리잔에 비춰 윤슬을 만든다. 고요함이 흐르는 느린 시간 속 34페이지를 다시 떠올려 본다.

P.34

ADD. 대구 중구 달구벌대로445길 34-9
TIME. 매일 10:00~22:00
SNS. @p.34_official

122.
BAGEL BAGELER
GYO, **GYEONGJU**

베이글 베이글러
bagel bageler

한때 열풍이었던 마카롱, 롤케이크의 시대를 지나 소금빵, 베이글 등 밥 대용으로 먹기 좋은 담백한 빵이 큰 인기를 끌고 있다. <베이글 베이글러>는 'ㄷ자' 구조 한옥 건물에 앞뒤로 마당을 갖추어 지역의 여느 카페들처럼 전통적인 분위기를 풍기지만 뉴욕에서 즐겨 먹는 베이글을 전문으로 판매하여 신선한 조합을 보여준다. 토핑으로 가득 찬 잠봉뵈르, 에그마요 베이글부터 참깨, 통밀처럼 곡물을 활용한 베이글, 초콜릿과 블루베리 등 달콤한 베이글까지 16가지의 종류를 갖추고 있다. 여기에 발라 먹기 좋은 다양한 맛의 크림치즈와 곁들이기 좋은 수프, 음료도 선보인다. 음식을 주문하고 원하는 자리에 앉으면 되는데, 사람들이 가장 많이 찾는 곳은 뒷마당이다. 광활하게 펼쳐진 놋점들을 보며 식사하기 좋아서 일상 속 잔잔한 평화로움을 느낄 수 있다.

베이글 베이글러 bagel bageler

ADD. 경북 경주시 교촌길 18
TIME. 매일 11:00~20:00
SNS. @bagel.bageler

Cozy place

123.
VENZAMAS
DONGCHEON, **GYEONGJU**

벤자마스
venzamas

경주 보문단지 들어서는 길목 엄청난 규모를 자랑하는 <벤자마스>가 있다. 브런치의 유행이 경주까지 퍼졌을 즈음 생겨서 지금까지도 많은 사람이 찾는 곳으로 <슈만과 클라라>, <아덴>과 함께 경주의 3대 카페로 명성을 떨치고 있다. 많은 차량을 수용할 수 있는 넉넉한 주차장과 아이들이 뛰어놀기 좋은 넓은 잔디밭, 그 맞은편 4개 동으로 이루어진 세련된 리조트 형태의 카페다. 동마다 각자의 콘셉트를 가지고 있어 주문할 수 있는 메뉴가 다른데, 카페 메뉴를 기본으로 다루고 항목이 하나씩 추가된다. <벤자마스 카페>는 간단한 카페 메뉴만 다루고, <벤자마스 라운지>는 피자와 치킨을 판매한다. <벤자마스 가든>은 핸드드립 커피와 베이커리가 추가되고, 마지막 <벤자마스 브런치>는 브런치를 판매한다. 공간의 인테리어도 다르고 키즈존, 노키즈존도 구별되어 취향에 따라 방문할 수 있다. 야외에는 커다란 수영장과 곳곳에 야외석을 두어 여름에는 피서 느낌으로 즐기기 좋다. 리조트에 가고 싶지만, 여건이 되지 않을 때, 다양한 공간과 음식이 있는 <벤자마스>로 떠나보는 건 어떨까.

벤자마스 venzamas

ADD. 경북 경주시 알천북로 369
TIME. 매일 10:00~24:00
SNS. @cafe_venzamas

124.
SKUNKWORKS
HWANGNAM, **GYEONGJU**

스컹크웍스
skunkworks

국내 여행지 중 다시 가고 싶은 곳을 고르라면 경주를 빼놓을 수 없다. 마음을 열어주는 탁 트인 전경과 멋스러운 전통 한옥들, 사시사철 다채로운 아름다움을 뽐내는 풍경이 매력적이라 한 번만 방문하기에 아쉬움이 남는다. 대릉원 옆 맛집과 카페가 모여있는 황리단길도 빼놓을 수 없다. 그 중심에 경주의 멋을 보여주는 〈스컹크웍스〉가 있다. 높은 담도 대문도 없어 넓은 정원을 감싸 안은 'ㄷ'자 형태의 한옥이 한눈에 들어온다. 색이 바랜 기와와 흠이 나 있는 나무는 세월의 흔적을 고스란히 보여준다. 이곳에서 가장 인기 있는 좌석은 툇마루다. 중정을 바라보며 편하게 앉아 다과를 즐길 수 있고 사진으로 남기기도 좋아 많이 찾는다. 실내와 야외 모두 여유롭게 좌석이 준비되어 있어 사람이 많아도 자리를 찾기 수월하다. 커피와 음료, 맥주 등 여러 음료가 마련되어 있고 커피는 취향에 맞게 원두 타입을 선택할 수 있다. 또 곁들이기 좋은 빵과 구움 과자도 만날 수 있다.

스컹크웍스 skunkworks

ADD. 경북 경주시 포석로 1058-3
TIME. 매일 10:00~22:00
SNS. @skunkworks_official

125.
EYST 1779
GYO, **GYEONGJU**

이스트 1779
eyst 1779

10년이라는 긴 시간 동안 조사와 고증을 통해 복원한 신라시대의 다리 '월정교'. 그 앞에는 잔잔히 흐르는 남천과 황금빛 은행으로 가득한 산책로가 있다. 감탄사를 부르는 서정적인 풍경 덕에 경주의 대표적인 단풍 명소로 자리매김했다. 강을 따라 걷다 보면 교촌마을 쪽에 단풍잎처럼 붉게 물든 <이스트 1779>를 만날 수 있다. 적벽돌로 지은 건물 위 경주 건물의 특징인 한옥 기와를 올려 적절한 조화를 갖추었다. 내부에는 파도를 연상시키는 곽철안 작가의 아트 퍼니처가 자리하고 있는데, 가구이자 작품의 역할을 하여 카페 이상의 분위기를 연출한다. 정원을 향한 좌석에서는 커피를 마시며 고즈넉함을 느낄 수 있다. 꾸덕한 크림이 올라간 '초이 크림라테'와 두 가지 대표 티 메뉴와 아이스크림, 케이크, 생맥주까지 즐길 수 있다. 지역이 고수하는 귀중한 역사를 지키면서 현대적인 감각까지 살려낸 이곳에서 새로운 문화적 감성을 느껴보자.

이스트 1779 eyst 1779

ADD. 경북 경주시 교촌안길 21
TIME. 일–목 11:00~21:00, 금–토 11:00~22:00
(화 휴무)
SNS. @eyst.kr

126.
CAFE MARCHE
HWANGNAM, **GYEONGJU**

카페 마르쉐
cafe marche

황남동 포석로 일대의 '황남 큰길'은 볼거리와 놀거리를 갖추고 있어 많은 젊은이가 찾는 곳이다. 서울의 경리단길 같다고 하여 '황리단길'이라는 이름이 붙을 만큼 카페, 식당, 사진관 등 다양한 가게가 밀집해 있다. '경주의 작은 유럽'이라 불리는 <카페 마르쉐>는 길의 의미와 잘 어울리는 카페다. 한옥 외관에 유럽 가정집이 연상되는 이국적인 인테리어, 차분한 아이보리색 벽돌로 쌓은 벽과 빈티지한 가구, 아기자기한 소품은 외관과 반전되는 이미지를 보여준다. 매대에는 파이, 크로플, 스콘, 케이크 등 먹음직스러운 디저트로 가득하다. 디저트 맛집으로 소문난 만큼 다채로운 메뉴를 선보이는데, 종류가 너무 많아서 선택이 어렵다면 대표 메뉴를 참고해 보자. 꾸덕한 블루베리잼과 버터가 들어간 블루베리잼 버터 스콘, 달콤한 크림치즈샌딩 사이 상큼한 오렌지 캐러멜 소스가 들어간 당근케이크, 사과 졸임이 들어간 바삭한 애플파이까지 마르쉐에서 자신 있게 선보이는 메뉴다.

카페 마르쉐 cafe marche

ADD. 경북 경주시 첨성로81번길 22-7
TIME. 월-금 11:00~21:00, 토-일 10:00~22:00
SNS. @cafe_marche

Cozy place

Tasty coffee

127.
CAMELLIA
GURYONGPO, **POHANG**

까멜리아
camellia

100여 년 전 일본인들이 거주하던 거리를 관광지로 개발하여 포항의 유명한 여행지가 된 '구룡포 일본인 가옥 거리'. 대게와 과메기로 유명한 구룡포에서 관광거리가 더욱 인기를 끈 이유는 따로 있다. KBS에서 높은 시청률을 기록한 로맨스 스릴러 드라마 『동백꽃 필 무렵』의 촬영 장소이기 때문이다. 극 중 여주인공 동백이가 운영하던 술집 〈까멜리아〉는 카페로 변신하여 거리 중심에서 빛을 내고 있다. 가게에는 두 주인공의 첫 만남 장소 서점을 비롯하여 극 중 배경이 된 오락실, 사진관 등이 있으며 드라마를 보고 찾아온 사람들에게 더 큰 감동을 주고자 굿즈와 대표 음료 등 다양한 콘텐츠를 제공한다. 그중 등장인물의 이름을 붙인 디저트가 유독 눈에 띈다. '동백샌드'는 지역 특산품 산딸기를 넣어 새콤달콤한 동백이의 성격을 표현했고, '용식샌드'는 블루베리를 넣어 달콤한 남주인공을 떠오르게 한다. 그 외 동백 차를 우려낸 밀크티와 동백꽃 모양의 빵, 머랭 쿠키도 만날 수 있다. 드라마의 정서를 제대로 느끼고 싶다면 공간 곳곳을 체험해 보고 마지막 디저트까지 즐겨보자.

까멜리아 camellia

ADD. 경북 포항시 남구 구룡포읍 구룡포길 135-1
TIME. 매일 10:00~18:30
SNS. @camellia.dongbaek

128.
AUSPICE COFFEE
HOMIGOT, **POHANG**

어스피스 커피
auspice coffee

구룡포 마을을 지나 15분가량 달리면 〈어스피스〉를 만날 수 있다. 'Auspice'는 여러 뜻이 있는데 로고가 새의 형상인 것으로 보아 새의 좋은 기운을 받겠다는 의미가 가장 부합할 것 같다. 푸른 바다와 깔끔하게 어울리는 흰색의 건물은 ‘2020년 경상북도 건축문화상’ 우수상을 받았다. 건물을 조금만 둘러보아도 고개가 절로 끄덕여질 만큼 아름다운 형태를 가지고 있다. 모든 층은 통창으로 되어 풍경을 바라보기 좋고 1층 테라스에는 잔디밭이 펼쳐져 들과 바다를 동시에 감상할 수 있다. 또 건물 옆에는 많은 소나무가 있어 숲이 연상되기도 한다. 이곳의 시그니처 포토존은 마지막 층인 루프탑에 있다. 삼면이 유리로 된 공간에서 파노라마처럼 펼쳐진 동해를 배경으로 사진을 남길 수 있다. 원두는 가게 이름을 딴 ‘어스’ 와 ‘피스’ 두 가지 블렌딩으로 준비되어 있으며, 두유와 땅콩 크림이 들어간 ‘노체 크림 라테’가 시그니처다.

어스피스 커피 auspice coffee

ADD. 경북 포항시 남구 호미곶면 호미로1132번길 5
TIME. 월–금 11:00~20:00, 토–일 11:00~21:00
SNS. @auspice_coffee

129.
CAPE LOUNGE
HOMIGOT, **POHANG**

케이프 라운지
cape lounge

호미곶을 따라 드라이브하다 보면 푸른 바다를 배경 삼아 지어진 새하얀 풀빌라 '스타 스케이프'를 만날 수 있다. 21년도 경북 건축문화상 대상을 받은 만큼 그리스의 산토리니 같은 아름다운 자태를 뽐낸다. 이국적인 풍경을 더해주는 넓은 옥수수밭 옆 입구를 들어서면 푸른빛의 수영장이 흰색 건물과 어우러져 청량함을 자아낸다. 수영장 앞 통유리로 지어진 〈케이프 라운지〉 카페는 이곳의 매력을 더해준다. 실내는 미술 작품 같은 테이블과 의자를 두어 세련된 분위기가 흐른다. 2층에는 실내 공간 외에 테라스도 갖추고 있으며 빈백을 두어 풍경을 더욱 편하게 감상할 수 있다. 카페 맞은편에는 바다를 더 가까이서 볼 수 있는 테라스가 따로 마련되어 있다. 일출과 일몰을 모두 볼 수 있는 곳인 만큼 풍경을 시원하게 감상할 수 있도록 배려해 놓은 듯하다. 고소하고 달콤한 크림 라테를 대표로 바다와 어울리는 색색의 에이드와 디저트를 판매하고 있다.

케이프 라운지 cape lounge

ADD. 경북 포항시 남구 호미곶면 구만길 224
TIME. 매일 9:00~20:00
SNS. @capelounge_official

130.
7DAYS A WEEK CAFE
SINGWANG, **POHANG**

세븐데이이즈어위크 카페
7days a week cafe

1995년부터 2021년까지 신광온천으로 운영되던 건물을 리모델링하여 베이커리 카페로 거듭났다. 단층 건물에 큼직한 간판을 설치해 미국 감성을 살린 <세븐데이즈어위크>는 주차장과 실내 공간, 테라스를 갖춘 대규모 카페다. 넓고 쾌적한 환경을 갖추고 있어 아이와 함께 가족 단위로 방문하기 좋고 테라스에서 반려동물과 가벼운 산책도 즐길 수 있다. 또 컬러풀한 카라반, 미국 버거집이 떠오르는 간판 등 곳곳에 포토 스팟이 있어 특별한 사진을 남길 수 있다. 대표 메뉴는 지역특산물 '신광 사과' 100%로 만든 새콤달콤한 '신광주스'와 미국의 맛을 담은 '밀크쉐이크'다. 소금빵, 크로핀 등 베이커리는 브랜드 색이 묻어난 박스에 포장 가능하니 미국 감성을 선물해 보자.

세븐데이이즈어위크 카페 7days a week cafe

ADD. 경북 포항시 북구 신광면 기반길 8
TIME. 월-금 10:30~18:30, 토-일 10:30~19:30
SNS. @7days_cafe_

131.
NICHENICHE COFFEESHOP
BONGHWANG, **GIMHAE**

니치니치 커피샵
nicheniche coffeeshop

좁은 골목 사이 꽤나 눈에 띄는 깔끔한 아이보리 색 2층 건물. 외관과 달리 생각보다 묵직한 느낌의 실내 공간. 봉황역 근처 <니치니치 커피샵>은 '틈새'를 뜻하는 이탈리아어 '니치(niche)'에서 파생된 말로 극소수의 성향을 바탕으로 누구나 즐길 수 있는 커피를 제공하기 위해 만들어졌다.

거친 콘크리트 벽과 나무로 된 바닥, 목제 가구 인테리어 속 푸른 식물이 포인트 역할을 한다. 아니 어쩌면 가게 중앙부터 뻗어간 식물은 이곳의 큰 주제일지도 모르겠다. 선반에는 식물 키우는 법에 관한 책이 있고 판매하는 굿즈는 대부분 초록빛을 띠고 있다. 공간을 둘러볼수록 거대한 화분 속을 탐험하는 기분이었다. 싱그러운 풀잎을 보며 이름이 궁금해져 아까 발견한 『식물과 같이 살고 있습니다』라는 책을 폈다. 달콤 쌉싸름한 더티프레소 한 모금에 책을 한 장씩 넘기며 집으로 돌아가면 식물을 분양받아야겠다는 생각이 들었다.

니치니치 커피샵 nicheniche coffeeshop

ADD. 경남 김해시 봉황대길 30-1
TIME. 매일 12:00~22:00
SNS. @nicheniche.coffeeshop

Cozy place

Tasty coffee

132
33GATE
JEONPO, **BUSAN**

33게이트
33gate

여행을 떠나기 전 가장 크게 설렘을 느낄 때는 언제일까. 전포동의 한 카페는 공항 출국장에 앉아 비행기를 기다릴 때라고 말한다. 이러한 두근거림과 기대감을 모두에게 전하고 싶어 이색적인 카페를 탄생시켰다. 〈33게이트〉는 공항 콘셉트의 카페로 스틸 의자와 벽에 붙은 팻말, 캐리어와 전광판 등 공항 라운지의 요소를 그대로 옮겨왔다. 이름을 새길 수 있는 티켓도 발급해 주어 더 리얼하다. 콘셉트가 뚜렷하면 포토존 위주로 과하게 포장하는 경향이 있는데 이곳은 아늑함을 유지하고 요소들을 자연스럽게 공간에 녹여 부담 없이 방문하기 좋다. 메뉴는 여행의 재미를 더해줄 특별한 기내식으로 준비되어 있다. 콘 아이스크림 모양을 한 달콤한 '크림 라테'와 믹스베리 스무디 위 커다란 버블 토핑이 올라간 '유니콘'은 모양부터 맛까지 즐거움을 선사한다. 또 카이막을 모티브로 만든 '크림 화이트'와 부드러운 시폰 케이크도 있어 배를 채우기도 충분하다.

33게이트 33gate

ADD. 부산 부산진구 서전로37번길 20, A 마동 2층
TIME. 매일 12:00~20:00 (목 휴무)
SNS. @33gate

133.
GOOF
JEONPO, **BUSAN**

구프
goof

전포동의 한적한 거리와 상반되게 신나는 음악과 북적이는 사람들로 늘 활기가 넘치는 공간이 있다. 건물 모퉁이에 문을 연 <구프(GOOF)>는 영어로 '바보 같은 사람, 실수하다'를 뜻한다. 과연 의미처럼 어리석은 사람들이 모이는 장소일까. 호기심을 품고 들어선 가게에서 가장 먼저 눈에 띄는 건 벽면에 진열된 레코드판이었다. 커피 바 한쪽에 디제잉 장비가 있어서 LP를 직접 재생하며 아날로그 감성을 전한다. 바 테이블과 쉐어 테이블에는 여러 사람이 어울려 앉아 술부터 커피까지 다양하게 즐길 수 있다. 달콤한 꿀이 올라간 '벌꿀 아포가토'와 필터 커피가 인기며 저녁에 즐기기 좋은 하이볼, 위스키, 칵테일 등 주류, 그리고 함께 곁들이기 좋은 간단한 식사도 판매한다. 음악을 감상하며 자유롭게 시간을 보내는 이들을 보니, 어느새 간판에 적힌 "sorry we goofed around so much(우리가 너무 빈둥거려서 미안해)"라는 말이 "괜찮아. 놀아도 돼"라는 말처럼 느껴졌다.

구프 goof

ADD. 부산 부산진구 동성로 25
TIME. 일–목 12:00~22:00, 금–토 12:00~23:00
SNS. @goof_busan

134.
GREENNOMAD
MANGMI, **BUSAN**

그린노마드
greennomad

복합문화공간을 겸하는 수영 〈테라로사〉 인근에, 나무에 가려져 눈에 띄지 않는 비밀의 문이 있다. 머리 위로 내려오는 수많은 나뭇잎을 거쳐 입구로 들어가면 마치 숲속에 온 듯 자연과 어우러진 공간이 펼쳐진다. 녹색의 유목민이라는 뜻의 〈그린노마드(GRERN NOMAD)〉는 자연 친화적인 디자인을 생각하는 건축·공간디자인 회사에서 운영하는 카페 겸 쇼룸이다. 다세대 주택이었던 건물을 리모델링하여 친환경적인 공간으로 재탄생시켰다. 컨테이너 화물 거치용 나무를 재사용한 바닥, 폐가의 문과 마루를 재활용한 가구 등 매장의 80%를 재활용 소재로 채웠다. 여기에 식물과 각종 소품으로 아늑한 분위기를 더해 사람들은 물론 고양이도 편하게 찾는 매장이 되었다. 모카포트로 추출한 에스프레소에 스팀밀크를 넣은 달콤한 '모카포트 라테'와 밤 크림이 올라간 '밤 크림 롱블랙' 그리고 여러 종류의 블렌딩 티가 시그니처다. 스콘, 케이크 등 유기농 재료로 만든 건강한 디저트도 함께 선보인다.

그린노마드 greennomad

ADD. 부산 수영구 좌수영로 161-10
TIME. 매일 12:00~23:00
SNS. @greennomad_

135.
DUCOBI DINER
JEONPO, **BUSAN**

듀코비 다이너
ducobi diner

부산 전포역 앞 원기둥 형태의 독특한 건물 <듀코비 다이너>는 아트워크 회사에서 만든 공간이다. '듀코비(ducobi)'는 한국, 일본, 미국 각 분야의 아티스트와 디자이너가 모여 고품질 디자인 토이를 제작하는 회사로 2008년에 설립되어 금정구에 1호점 <듀코비 라운지>, 서면에 2호점인 이곳을 만들었다.
'듀코비'는 미국 팀원들의 '두꺼비' 발음에서 착안하여 콩글리시 신조어 느낌으로 지었다고 한다. 아트워크 회사에서 만든 공간인 만큼 개성 있는 캐릭터 모형과 굿즈로 가득하다. 체스판 모양의 바닥과 화려한 빨간색 인테리어는 마치 애니메이션 속 주인공을 위한 무대 같다. 그곳에서 커피, 아이스크림, 크림빵 등의 다채로운 디저트를 즐길 수 있다. 지하에는 '듀코비스타디움' 굿즈 샵이 있다. 테니스장, 농구장 같은 스포츠 경기장 콘셉트로 활기찬 느낌의 비비드 컬러가 가득하다. 다양한 굿즈를 구경하는 재미가 쏠쏠하며 곳곳에 설치된 소품을 배경으로 하이틴 느낌의 특별한 사진을 찍기도 좋다.

듀코비다이너 ducobi diner

ADD. 부산광역시 부산진구 전포대로199번길 9
TIME. 매일 11:00~23:00
SNS. @ducobilounge

Cozy place

Ducobi
DINER
SECOND FLOOR
3F ROOF TOP
STADIUM
STOP THINKING
START DRINKIN

have
a
time

NOTHING CAN BEAT DUCOBI COFFEE
BARBERSHOP COLD BREW
NOTHING CAN BEAT DUCOBI COFFEE
DUCOBI STADIUM
ORIGINAL

DUCOBI DINER
LATTE
BEVERAGE
COFFEE
COLD BREW
BAKERY
COOKIE
SHAKE
CANDY POWDER

TENNESSEE
VOLUNTEERS
SMOKEY
"GO VOLS"
Est. 1794
STEP
STEP
990

136.
MY FAVORITE COOKIE
GWANGAN, **BUSAN**

마이 페이보릿 쿠키
my favorite cookie

<마이 페이보릿 쿠키>는 오픈전부터 줄 서서 기다리는 부산에서 손꼽히는 쿠키 맛집이다. 전포동의 작은 가게로 시작하여 현재는 광안리에 2층 건물로 운영되고 있다. 많은 인기를 누리는 제품은 쫀득한 미국식 쿠키로 다양한 종류를 자랑한다. '쪽파 에멘탈치즈', '레드벨벳 크림치즈 오레오', '버터스카치프레즐', '솔트초코아몬드' 등 10여 가지가 준비된다. 모든 쿠키는 순우유 버터와 프랑스 코코아 분말 등을 사용해 방부제가 들어가지 않는 것도 큰 장점이다. 온라인 판매로 다른 지역에서도 구매할 수 있고, 매장 내에 그로서리가 입점하여 예쁜 패키지의 식재료도 함께 구매할 수 있다.

마이 페이보릿 쿠키 my favorite cookie

ADD. 부산 수영구 광남로 103
TIME. 매일 11:00~20:00
SNS. @my_favorite_cookie

137.
DECKS COFFEE
JEONPO, **BUSAN**

덱스 커피
decks coffee

'오케스트라'는 관악기, 현악기, 타악기를 함께 연주하는 단체를 뜻한다. 많은 인원이 하나가 되어 아름다운 하모니를 만들어 내어 세상에서 가장 큰 악기라고도 불린다. 전포동 한 골목에는 이러한 오케스트라를 주제로 한 카페가 있다. <덱스 커피>는 일상의 평범한 순간을 특별하게 기록되길 바라며 만들어졌다. 중후한 원목 인테리어와 곳곳의 스피커, 공연장을 연상시키는 가구 배치는 이색적인 분위기를 풍긴다. 계단식으로 된 의자에 앉으면 저절로 바리스타에 시선이 가는데, 마치 관중석에서 무대를 보는 것처럼 커피 바를 바라보게 된다. 다양한 종류의 원두를 구비하고 있어서 취향에 맞는 에스프레소 커피 혹은 핸드드립 커피를 맛볼 수 있다. 단맛을 좋아한다면 시그니처 커피를 추천한다. 바닐라 크림과 초콜릿이 어우러진 '모카 오케스트라', 얼그레이 향의 밀크티를 활용한 '그레이 필하모니'처럼 공간과 어울리는 이름의 메뉴가 준비되어 있다.

덱스 커피 decks coffee

ADD. 부산 부산진구 서전로46번길 86, 1층
TIME. 화~토 13:00~23:00, 일 12:00~21:00
(월 휴무)
SNS. @deckscoffee

Cozy place

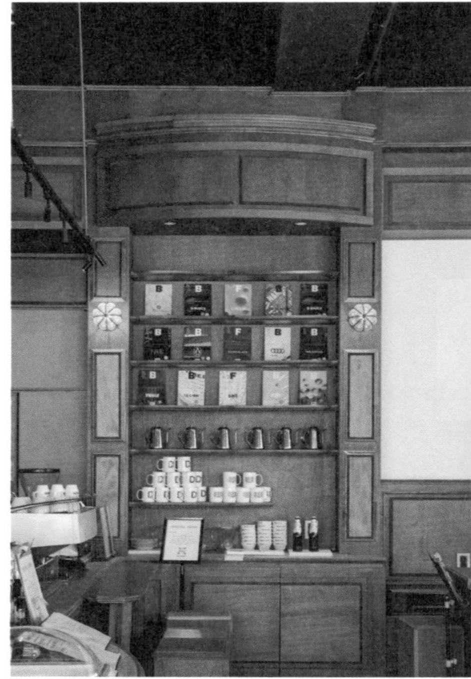

DECKS

138.
SONMOKSEOGA
YEONGDO, **BUSAN**

손목서가
sonmokseoga

흰여울문화마을의 미로 같은 골목길, 듬성듬성 자리한 가게들을 탐험하다 보면 넌지시 들려오는 커피콩 볶는 소리에 저절로 발걸음이 향한다. 좁은 길을 지나 탁 트인 풍경을 마주할 즈음 2층으로 된 작은 가게가 정체를 드러낸다. 이곳은 커피와 와인 등을 마실 수 있는 카페이자, 책을 판매하는 독립서점이다. 시사 만화가와 시인 부부가 운영하는 곳으로 각자의 이름을 따서 〈손목서가〉라고 지었다. 1층에는 문학 서적, 사진집, 잡지류 등 다양한 책들과 의류 및 액세서리를 판매하고, 바로 앞 테라스를 이용하는 손님들로 북적인다. 반면 위층은 아늑하고 조용한 분위기로 창 너머 보이는 바다를 감상하며 음료를 즐길 수 있다. 가끔 북토크도 진행되니 커피와 책에 관심 있다면 손목서가 SNS를 주목해 보자.

손목서가 sonmokseoga

ADD. 부산 영도구 흰여울길 307
TIME. 매일 11:00~19:00
SNS. @sonmokseoga

139.
水月鏡花
SONGJEONG, **BUSAN**

수월경화
水月鏡花

물에 비친 달, 거울에 비친 꽃을 의미하는 <수월경화(水鏡花)>는 우리나라 고유의 멋을 느낄 수 있는 찻집이다. 송정 해수욕장 앞으로 지나가는 해변 열차가 바로 앞으로 지나가서 이색적인 풍경을 감상할 수 있다. 이러한 광경을 보기 위해 방문하는 사람들이 늘자, 열차가 지나가는 시간표도 비치해 놓았다. 내부는 정갈하게 꾸며져 차분하게 시간을 보내기 좋으며, 다른 콘셉트의 다른 두 개의 층으로 운영되어 취향에 맞는 공간을 이용할 수 있다. 대표 메뉴는 '흑미 술빵', 인절미, 모나카 등으로 구성된 한국식 디저트 박스 '달보드레 상자' 그리고 라테와 구수한 호지 크림이 어울린 '호지 가배'다. 그 외 다양한 종류의 차 메뉴를 전문으로 다루고 있다.

수월경화 水月鏡花

ADD. 부산 해운대구 송정중앙로6번길 188, 4층
TIME. 매일 11:00~21:00
SNS. @swgh_official

140.
SPACE AND MOOD
SEOMYEON, **BUSAN**

스페이스앤무드
space and mood

화려한 불빛으로 가득 찬 부산의 번화가 서면, 이곳 건물 최상층 펜트하우스에 숨겨진 비밀의 장소가 있다. 펜트하우스란 고층 아파트나 호텔 가장 위층에 위치한 고급 주거 공간으로 일반인들이 발을 들이기는 쉽지 않다. 그러나 <스페이스앤무드>는 이곳을 카페로 운영하여 많은 사람이 휴식할 수 있는 공공장소로 만들었다. 천장을 포함한 4면이 창으로 이뤄져 쏟아지는 햇빛을 만끽하며 오후의 여유로움을 느낄 수 있다. 반짝이는 샹들리에와 포인트 컬러 가구는 모던 클래식 디자인의 인테리어를 완성했다. 고급스러운 분위기에서 브런치와 커피, 디저트를 맛볼 수 있고 저녁에는 와인과 안주를 판매하여 야경이 보이는 바에 온 기분도 낼 수 있다. 건물 내에는 호텔과 쇼룸도 함께 운영하며 웹사이트에서 예약 및 관련 제품 구매가 가능하다.

스페이스앤무드 space and mood

ADD. 부산 부산진구 새싹로 22-1, 13층
TIME. 매일 10:00~22:00
SNS. @spaceandmood

141.
AWLUK
JEONPO, **BUSAN**

얼룩
awluk

'얼룩'이란 액체 따위가 묻어 더러워진 자국을 의미하며 대게는 부정적인 의미로 쓰인다. 그러나 또 다르게 생각해 보면 어딘가에 남겨진 흔적은 기억을 되새길 수 있는 요소이기도 하다. 이러한 흔적을 수집하여 추억으로 만드는 사람들이 있다.

전포동의 <얼룩>은 카페와 가죽공방을 함께 운영하는 공간이다. 한쪽에는 커피 바가 있고 다른 쪽에는 제품을 만드는 재료와 기계들이 자리를 차지하고 있다. 테이블만큼이나 많은 선반에는 가죽 제품과 소품들이 오밀조밀 모여있고 벽에는 포스터가 가득 붙어있다. 한 공간에 각기 다른 무수한 요소가 있음에도 불구하고 얼룩덜룩하지 않고 다채로운 꽃밭처럼 포근한 느낌을 준다. 이러한 아늑한 분위기를 유지하기 위해 카메라 셔터 소리를 지양하고 있다. 대표 메뉴는 가게 이름을 딴 '얼룩 커피'와 든든하게 먹을 수 있는 '얼모닝 샌드위치'며, 쇼케이스에 진열된 구움 과자도 만날 수 있다.

얼룩 awluk

ADD. 부산 부산진구 전포대로210번길 48, 2층
TIME. 매일 11:00~21:00
SNS. @awluk

Cozy place

Tasty coffee

142.
JACE SANCTUM COFFEE
GIJANG, **BUSAN**

제이스 생텀커피
jace sanctum coffee

주로 바다 앞에서 휴가를 즐기러 오는 기장에 청량한 숲의 향기를 느낄 수 있는 복합시설이 생겼다. 미식, 휴식, 지식을 한 번에 즐기자는 콘셉트로 펜션과 글램핑장, 레스토랑과 북카페를 한곳에 모았다. 그 중 <제이스 생텀커피>는 상쾌한 편백 향과 함께 무성한 숲속을 감상하며 독서할 수 있는 북카페다. 높은 천장과 넓은 창으로 이뤄진 채광 좋은 공간에 벽면 가득 책을 진열하여 자연과 지식이 함께하는 쉼터를 만들었다. 이곳의 가장 대표적인 포토존은 1층에서 2층으로 올라가는 계단 앞 모퉁이에 있다. 두 면이 통창으로 되어 풍경을 팝업 카드처럼 입체감 있게 보여주는데, 내부의 편백 책장과 어울려 신비로운 책방의 느낌을 만끽할 수 있다. 메뉴는 직접 로스팅한 원두를 이용한 커피와 라테, 에이드 등 판매하며 계절에 따라 취급하는 시즌 메뉴 몇 가지를 선보인다.

제이스 생텀커피 jace sanctum coffee

ADD. 부산 기장군 일광읍 이천8길 132-20
TIME. 매일 11:00~22:00
SNS. @jace_sanctum_official

143.
CHORYANG1941
CHORYANG, **BUSAN**

초량1941
choryang1941

부산역에서 택시를 타고 초량동의 가파른 언덕길을 오르면 금수사 아래 조용하게 위치한 목조 주택을 발견할 수 있다. 자연과 건물이 자연스럽게 어우러져 얼핏 보기에도 오랜 세월이 느껴지는 <초량1941>는 가옥을 개조하여 만든 카페다. 20년간 방치돼 있다가 어느 미국인의 제보를 통해 세상 밖으로 알려졌다. 후에 조사를 통해 1941년에 지어진 사실을 알게 되었고, 지역명과 준공일을 합쳐 가게 이름을 지었다.

잔디밭을 지나 입구에 들어서면 본격적인 시간 여행이 시작된다. 잘 보존된 건물에 고풍스러운 가구와 빈티지 소품으로 꾸며 과거 속으로 들어온 기분을 준다. 또한 6.25 시절 산기슭 목장이 있었던 사실을 바탕으로 우유 메뉴를 판매하여 옛 감성을 더했다. 생강우유, 홍차우유, 말차우유 등 유리병 우유가 있던 시절이 떠오르도록 유리병에 포장되어 나온다. 그 외 과자와 아이스크림이 듬뿍 들어간 파르페와 고소한 그래놀라도 대표 메뉴다. 식사 후 집으로 돌아가기 전 정원 앞에서 경치를 바라보자. 높이 올라온 만큼 부산 도심부터 바다까지 한눈에 들어오는 아름다운 절경을 감상할 수 있다.

초량1941 choryang1941

ADD. 부산 동구 망양로 533-5
TIME. 일-금 10:30~18:00, 토 10:30~19:00
SNS. @_choryang

144.
PEAK SQUARE
GIJANG, **BUSAN**

피크스퀘어
peak square

오래전 기장은 상가가 형성되지 않아 조용히 바다를 즐기러 오기 좋은 곳이었다. 그러나 현재는 대형 건물들이 늘고, 많은 카페가 들어섰다. 대부분 바다 풍경을 무기로 직사각형 건물에 깔끔한 인테리어를 선보이는데, <피크스퀘어>는 자연의 요소를 녹여낸 형태로 차별점을 두어 카페를 만들었다. 산봉우리를 연상시키는 삼각 지붕과 갯바위 색에서 차용한 건물 전체의 붉은색은 주변 자연과 균형을 이룬다. 건물 전체를 둘러싼 돌담과 2층의 자갈 역시 어울림에 목적을 두었다. 인공적이지만 자연의 프레임을 헤치는 것 하나 없이 변화하는 바다를 관찰할 수 있다. 산미 있는 원두부터 묵직한 바디감의 원두까지 다양한 종류 중 선택하여 커피를 즐길 수 있고 몽블랑, 크루아상 등 곁들이기 좋은 디저트도 준비된다. 새해 첫날에는 새벽부터 문을 여는 해맞이 행사도 진행하여 멋스러운 공간에서 일출을 감상할 수 있다.

피크스퀘어 peak square

ADD. 부산 기장군 기장읍 기장해안로 864
TIME. 매일 11:00~21:00
SNS. @peak_square

145.
HUINNYEOUL BEACH
YEONGDO, **BUSAN**

흰여울비치
huinnyeoul beach

부산역에서 차로 10분이면 도착하는 영도의 흰여울 문화 마을은 넓게 트인 바다와 흰색 건물들이 어우러져 '부산의 산토리니'라는 별명을 가지고 있다. 해안 터널과 무지개 계단 등 곳곳에 사진 명소가 숨어있고 식당, 카페, 소품 숍과 같은 아기자기한 가게들이 즐비하여 다양한 문화를 체험하기도 좋다. 그 중 분홍색 건물의 <흰여울비치>는 이국적인 분위기로 지나가는 사람들의 이목을 끈다. 해변에 있을 법한 밀짚 파라솔과 라탄 재질의 제품들은 해외 휴양지를 연상시킨다. 또 넓은 창을 갖춘 실내 공간과 야외 테라스, 루프탑에서는 물결에 비친 뜨거운 햇빛이 정면으로 내리쬐어 가을에도 따뜻한 기온을 느낄 수 있다. 알록달록한 꽃으로 장식된 '비치 스무디볼'과 화려한 모양의 '흰여울 블라썸 에이드'로 하와이안 분위기를 완성시켜보자.

흰여울비치 huinnyeoul beach

ADD. 부산 영도구 절영로 236
TIME. 매일 11:00~20:00
SNS. @huinnyeoul_beach

Cozy place

INDEX, **CAFE 145**

CAFE 145

초판1쇄 인쇄 2023년 05월 16일
초판1쇄 발행 2023년 05월 25일

지은이 내계절
펴낸이 최병윤
편　집 이우경
펴낸곳 리얼북스
출판등록 2013년 7월 24일 제2022-000213호
주소 서울시 마포구 월드컵로10길 28-2, 202호
전화 02-334-4045 팩스 02-334-4046

종이 일문지업
인쇄 수이북스

ISBN 979-11-91553-57-4 13980
가격 18,500원

독자 여러분의 소중한 원고를 기다립니다(rbbooks@naver.com)